JN246743

◉森林認証の一つ
「レインフォレスト・アライアンス」は
カエルのマーク（右）。
コーヒーカップにこのマークがあれば、
第三者機関により認証された農園のコーヒー豆が
五〇％以上使用されている。

［第6章：
「生物多様性から未来を望む」
▼140ページ］

◉ミヤマシジミは絶滅の危機にある蝶だが、
ソバ畑が近くにある場合には数十年前のように
数十匹ものミヤマシジミがいっしょに飛ぶ光景が見られることもある。
長野県伊那谷

（ソバの花とミヤマシジミ）

撮影＝宮下直
［第2章：「食」から見る生物多様性
▼052ページ］

天平の都・奈良吉野山の桜色

◎「日本の土地が、甘美な、哀愁に充ちた叙情詩的気分を特長とするならば、同時にまたそれを日本人の気稟の特質と見ることも出来よう」
（和辻哲郎『古寺巡礼』より）

撮影＝岡田正人
［第5章：日本の文化と生物多様性▼116ページ］

稲穂とアカトンボ

◉農地の意味は作物生産のみならず、洪水の防止、CO_2の吸収、田園風景による癒し、さまざまな生物のすみかとしての機能などがある。米どころ秋田の水田で［写真上］。

稲穂にとまるミヤマアカネ。東京都あきる野市にて［写真左］。撮影＝宮下俊之

［第6章：生物多様性から未来を望む▼152ページ］

◉最強の素材であるクモの糸を探究し、その性能を真似てクモ糸を越える素材の開発が注目をあびている。バイオミメティクスの可能性は無限。写真は、ハラビロアシナガグモの朝露に濡れた網。

撮影＝谷川明男

［第4章：生物に学ぶテクノロジー▼092ページ］

（オオシロオビアオオシャクの涼しげな色）

撮影＝四方圭一郎
［第5章：日本の文化と生物多様性
▼120ページ］

◉北海道から九州まで、広く分布するガの一種、オオシロオビアオオシャクは7月から8月にかけての夏の夜、街灯などに飛来する。みずみずしく涼しげな色。

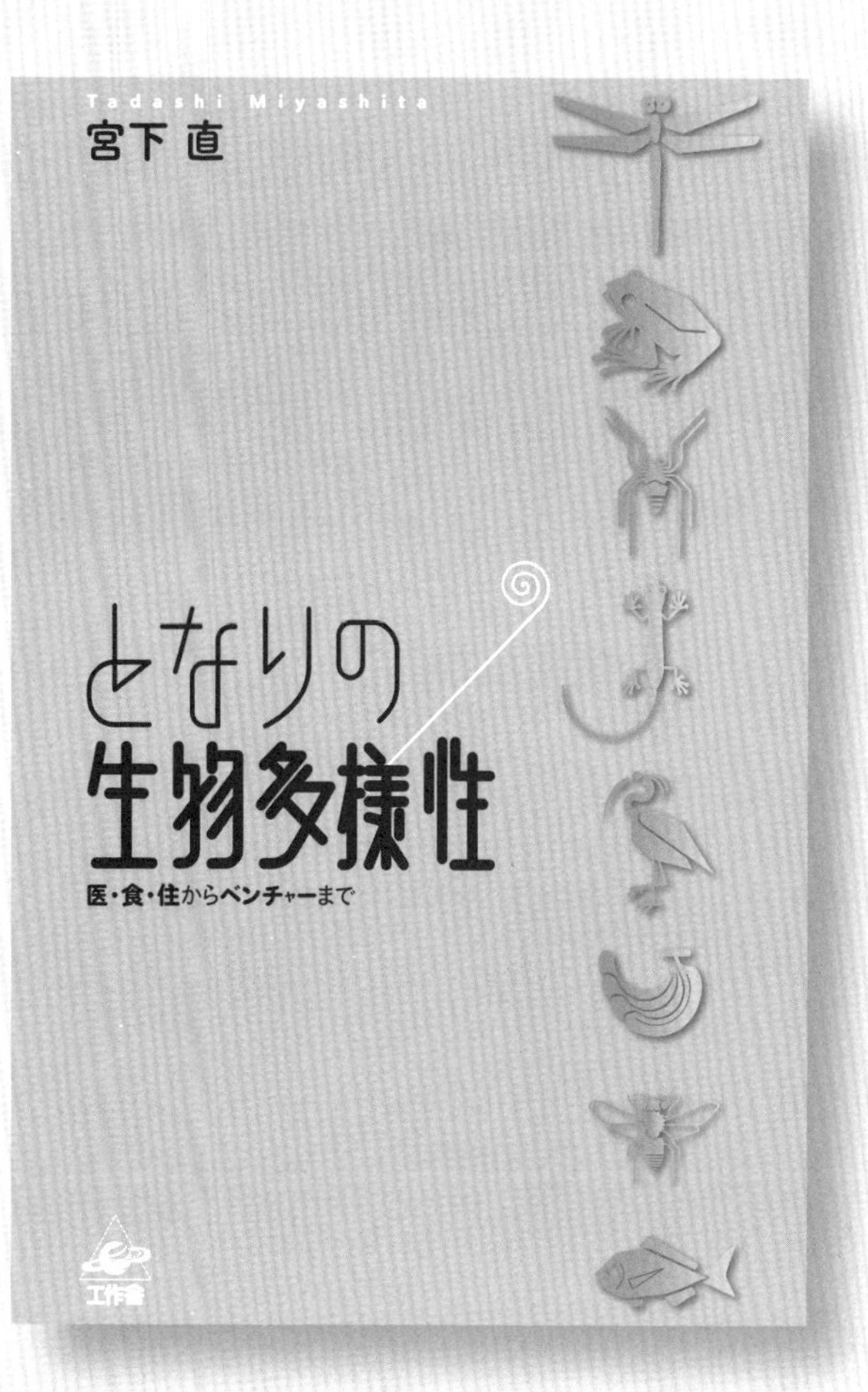
Tadashi Miyashita
宮下 直
となりの
生物多様性
医・食・住からベンチャーまで
工作舎

となりの生物多様性——医・食・住からベンチャーまで——目次

はじめに——008

第1章 多くの医薬品は生物多様性の恩恵

大村智博士が解く微生物の力——012

微生物からのご利益は無限——020

第2章「食」から見る生物多様性

豊かな魚食材があるくらし——026

野菜、果物、穀物の歴史とともにある——033

野菜や果物を支える虫たち——045

第3章 健康な生活と生物多様性

体の健康と微生物の関係――056

自然と人のほどよい距離――067

第4章 生物に学ぶテクノロジー

バイオミメティクスとは?――076

生物から学ぶ無限の可能性――096

第5章 日本の文化と生物多様性

気候、地形がもたらすもの――102
歳時記にみる生物――108
季語の多くをしめる生物――114
日本の伝統色と生物――119

第6章 生物多様性から未来を望む

もはや坂の上に「雲」はない――126
トレードオフ解消のための政策を――130
認証制度を知る――137
革新的な技術開発があり得る――145
価値観の転換――148
教育について思うこと――155

おわりに――162

参考文献――168
索引――171
著者紹介――172

となりの生物多様性

はじめに——きっと「腑に落ちる」

この本は、生物多様性というキーワードから私たちの生活や社会を見つめ直し、その将来を考えることを意図している。

生物多様性（biodiversity）は比較的新しい造語で、一九八八年にアメリカの著名な生態学者であるエドワード・ウィルソンによってはじめて公式文書に記された。日本には一九九〇年代半ばから保全生物学あるいは保全生態学との関連で浸透しはじめた。その後、二〇一〇年に名古屋で開かれた生物多様性条約第十回締約国会議（COP10）がきっかけでブレークした。時の菅直人総理大臣の口からその用語がでたのは、いろんな意味で印象的であった。

生物多様性は、この地球上に棲んでいる種の豊富さだけでなく、同じ種のなかにある遺伝子の多様さや、生物の棲み場所となる生態系の多様さも含んだ概念である。DNA（デオキシリボ核酸）のような特定の物質をさしているわけではないし、光合成のような特定の現象を意味しているわけでもない。また、よく対比される地球温暖化のように、気温という定義が明確で測定も容易な尺度があるわけではない。だから、何とも正体が見えにくい。そもそも純粋に科学的な造語というよりは、生態系の劣化や動植物の絶滅の危機を背景に造りだされた言葉である。昔の自然保護の思想や最近の環境政策の理念との結びつきも強い。思想や政策を語る人にとっては、実態が少し曖昧なくらいの方が使い勝手がよいのかもしれない。だが、むろんそれは好ましいことではない。生物学者からは胡散臭く見られ、一般人からは難解な用語と見られることが少なくない。

この本では、「わかったようでわからない」生物多様性を「腑に落ちた」と感じてもらえるよう、いままでの類書には見られないこだわりを持って執筆した。それは、用語の定義や環境問題をいきなり書き並べるのではなく、私たちの身近なくらしとの関わりに徹底的にこだわりながら、なるべく最新のエビデンス、つまり根拠を数値とともに示すというコンセプトである。医薬品、食、健康な生活、生物模倣による技術革新、日本の伝統文化といった広範な切り口を用意したのはそのためである。また私たちの生活や社会との関わりにこだわる以上、生物多様性をネタにして、未来についても語ることができたら素晴らしい。

人口や食糧、エネルギー、地球規模での環境劣化など、今後の先行きは不透明であるが、生物多様性はそんな未来を考えるうえで意外と役に立つと考えている。生態系の劣化や種の絶滅をただ憂うのではなく、これから私たちにできることは何か、どこにどんな価値を見出せばよいのか、といった問いかけをつねに念頭に置きながら筆を進めたつもりである。むろん、ナチュラリストとしての自負があるので、随所に生き物についてのさまざまなエピソードを交え、生物の面白さや奥深さを理解してもらえるように配慮した。

読後には、「多様な生物がいることは、経済活動や生活の利便性からすればとるに足らない」という考えが払拭されることを期待している。

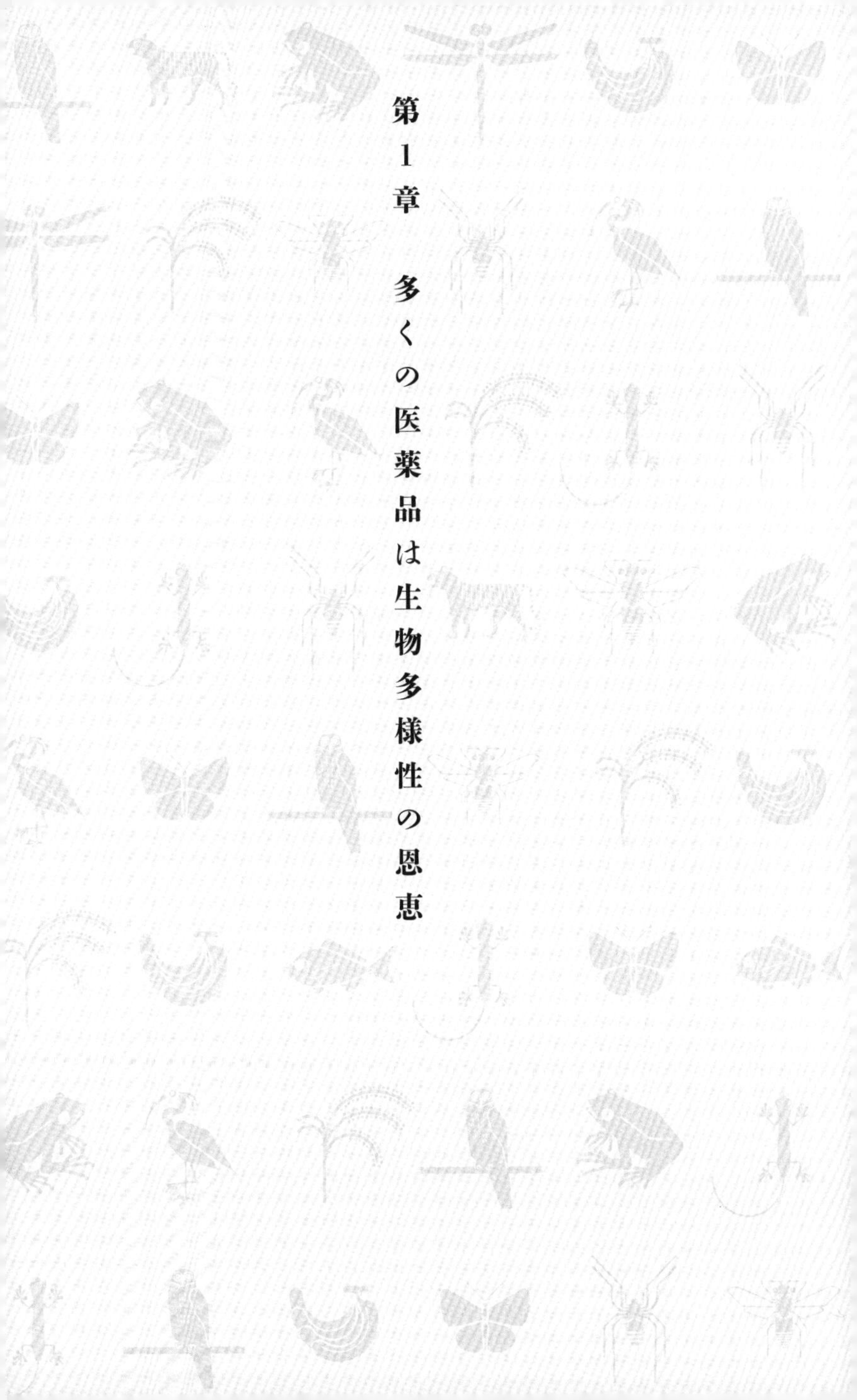

第1章　多くの医薬品は生物多様性の恩恵

大村智博士が解く微生物の力

まさに「生態系サービス」

二〇一五年のノーベル生理学・医学賞を受賞された大村智さんのことは記憶に新しい。私は帰りの通勤電車内でスマホを見ていたときに、そのニュースを目にした。「長年にわたり土壌中のさまざまな微生物を探索し、それが生みだす物質から新たな医薬品を次々と発見した」といった文面だったと記憶している。恥ずかしながら、私はそれまで大村さんのことをぜんぜん知らなかった。だが、このニュースを見た途端、これは生物多様性がもたらした恩恵そのもの、すなわち「生態系サービス」ではないかと興奮し、すぐさま研究室の皆にメールで宣伝した。

ちなみに、生態系サービスとは自然が人類にもたらすさまざまな恩恵（食糧、水、大気、土、文化の源泉など）を指す造語であり、しばしば生物多様性とセットで使われている。

当初は、大村さんは微生物の記載も手掛けるナチュラリストではないかと勝手に思い込んでいたが、もともとは物質の構造を決定する化学者であることが後日わかった。だが、あちこちの土壌をサンプリングして実験室に持ち帰り、その中から微生物を分離し、その微生物が生産する化学物質を分析するという地道な作業の繰り返しは、文字どおり「土臭い」作業である。これはまさに生態学者のお家芸ではないかと思った。

わかりやすい例でいうと、まだ生物相が未解明の熱帯林にでかけ、どこにどんな植物や昆虫がいて、それらがどんな習性をもっているかを探る博物学的な作業といえる。実験室での研究とは違い、土にまみれ、蚊に刺され、土地の人に怪訝な顔で見られることも多い。もちろん、大村さんは土を持ちかえった後で、微生物を抽出して薬としての効能を調べ、効能が生じる仕組みを分子レベルから解き明かすわけだが、前段の作業は博物学的な探検に近い。ある意味、出たとこ勝負ともいえるが、フロンティア精神に富んだ研究でワクワク感がある。だから私は知り合いに、「これはノーベル生物多様性科学賞だ」と吹聴したりした。

イベルメクチンの開発

大村さんはこれまでに四〇種以上の微生物を新たに発見してきたらしい。それらが産出する化学物質から二六種類もの人間に役立つ物質をつくりだし、医薬、動物薬、農薬などに使われている。

もっとも有名なのは、ストレプトマイセス・アベルメクチニウスという放線菌（バクテリアの仲間）の一種が産出するアベルメクチンである［写真1-1］。ストレプトマイセスというのは「属」、アベルメクチニウスは「種」の名前である。何とも長ったらしいと感じるかもしれないが、生物の名前が「属」と「種」の組み合わせでつけられるのは全生物に共通である。ちなみに、人間（ヒト）はホモ・サピエンスと名づけられている。いわば苗字と名前のようなものである。

大村さんがこの微生物を伊豆のゴルフ場の土から見つけ出したことは、いまではあまりに有名である。アベルメクチンをもとにつくられた物質が「イベルメクチン」で、寄生虫の抗生物質として家畜やペットに広く使用されている。身近では犬のフィラリア病の予防薬となっている。フィラリアは大変おそろしい病気である。フィラリアの幼生を保持した蚊に吸血されると、蚊から犬へと線虫が移り、犬の体内で増殖する。やがて、血管を通って肺から心臓へ移動し、心臓がぼろぼろになって死に至る。ちなみに、かの有名な忠犬ハチ公の死因は、フィラリアであったらしく、心臓は成長したフィラリア線虫でいっぱいだった。その標本は、いまでも東大農学部の正門に入ってすぐ右にある資料館で公開されている。

私の知り合いの獣医の話によれば、五〇年前には犬の平均寿命は二、三年ほどだったが、いまでは十年をゆうに超えている。これもイベルメクチンの普及でフィラリア病が激減したおかげである。

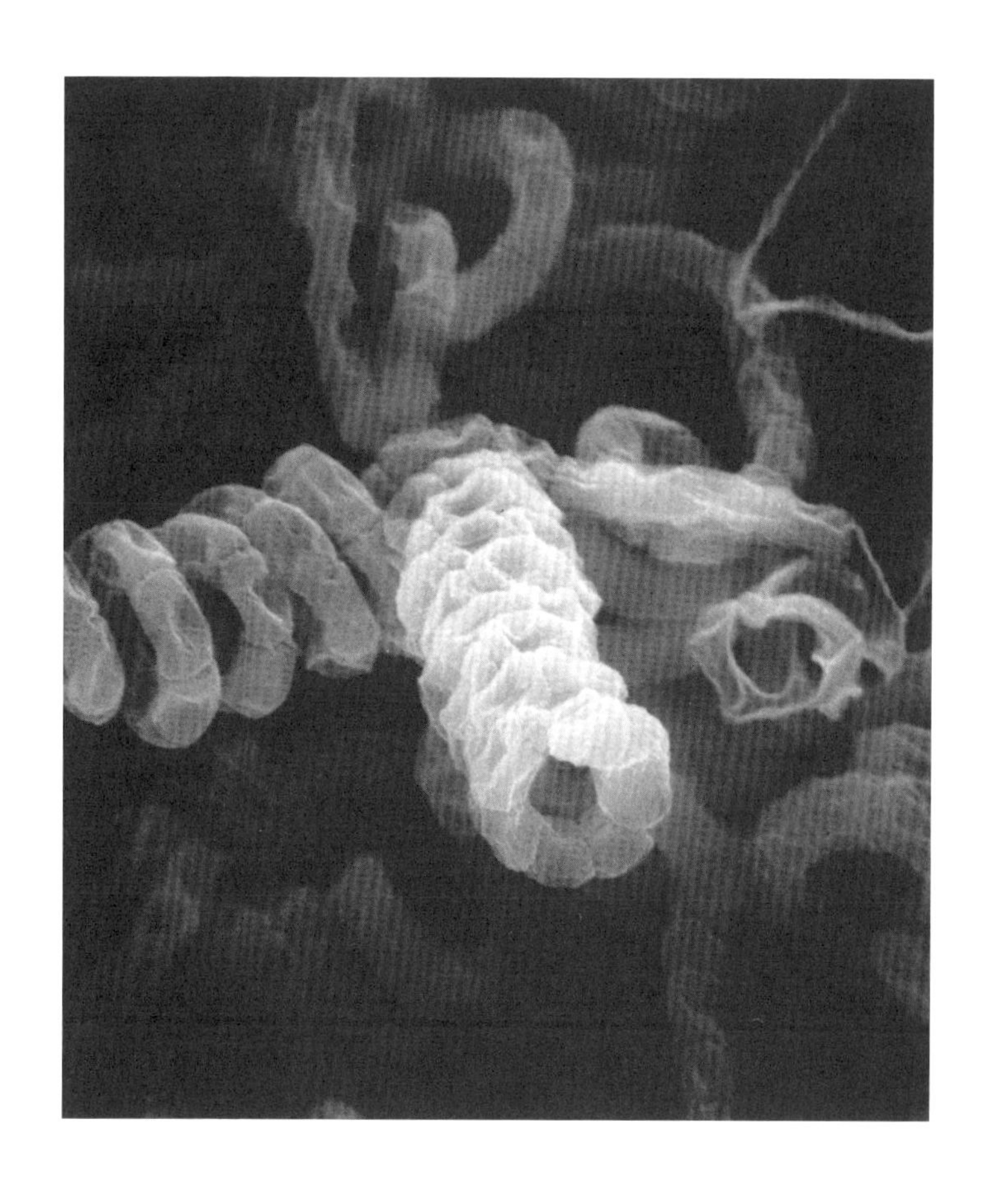

［写真1-1］▶アベルメクチン（Avermectin）の電子顕微鏡写真
土中の微生物が産出するアベルメクチンをもとに抗生物質「イベルメクチン」が開発されている。
画像提供＝大村 智

イベルメクチンは、やがて人間にも効くことが発見された。アフリカや南米の熱帯地方では、オンコセルカ症(河川盲目症)というおそろしい風土病があった。これは、ブユ(ハエの仲間)が人に吸血して線虫(オンコセルカ属)を運ぶことで起こる[図1—2]。体内で増殖した線虫は血管を通って目に到り、失明させる。イベルメクチンの開発で、年間二億人もの人がこの恐ろしい病気から救われていて、二〇二〇年には病気自体が撲滅される見通しだという。

この薬のすごいところは、年にたった一度服用するだけで予防の効果が持続することだ。しかも、イベルメクチンは一九八七年の使用開始以来、いままで三億人もの人が服用しているにもかかわらず、薬に耐性のある線虫はまったく報告されていないという。これは本当に驚くべきことだと思う。さまざまな病原菌やインフルエンザウイルスが、あまり時を経ずして薬剤耐性を持つ、つまり薬が効かなくなることはよく耳にする。抗生物質が効かない肺炎球菌が病院内で新たに発生するのは、同じ薬の使いすぎが原因である。

同じように、農薬の継続使用で、殺虫剤が効かない害虫が増える話も聞いたことがあるだろう。イベルメクチンには、どうやら線虫に耐性を獲得させない仕組みがあるようだが、まだわかっていない。

一方、イベルメクチンは生態系にとってマイナス面も持ち合わせている。イベルメクチンを

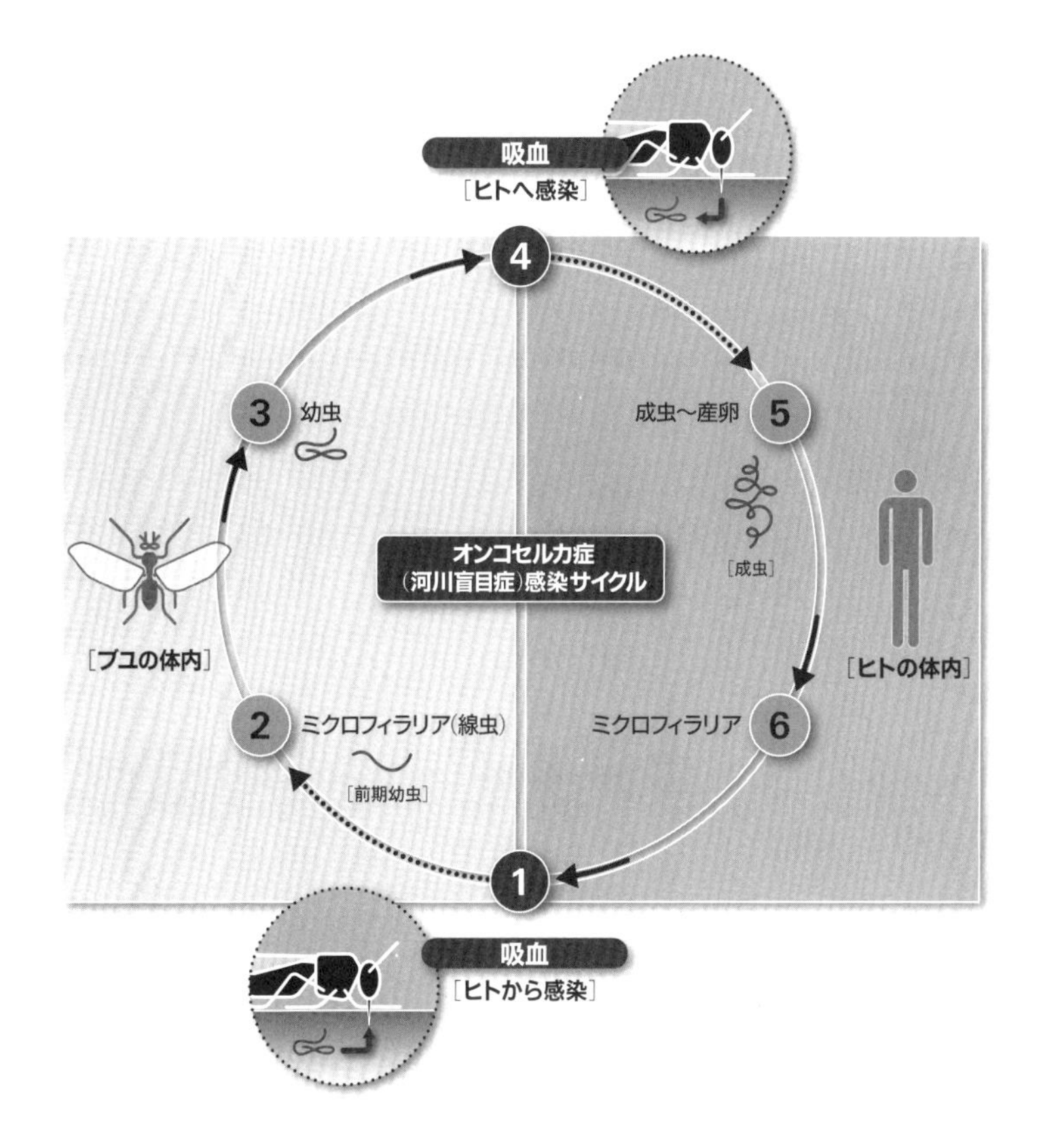

［図1－2］▶オンコセルカ症の感染サイクル

大村智博士（2015ノーベル生理学・医学賞受賞）らの研究から生まれたイベルメクチンは、アフリカや南米の熱帯地方の風土病であるオンコセルカ症から多くの人々を救っている。オンコセルカ症は、急流の川で繁殖するメスのブユによって感染拡大することから河川盲目症とも言われる。

❶ ブユがオンコセルカ症の感染者を刺して吸血→ ❷ ミクロフィラリア（線虫）という前期幼虫がブユに感染→ ❸ 前期幼虫はブユの中で幼虫へ→ ❹ ❶のような感染ブユが別のヒトを刺すと、ミクロフィラリアの幼虫が皮膚から侵入→ ❺ 幼虫は皮膚の中に小結節をつくり、1年から1年半で成虫へ→ ❻ 雌の成虫は産卵し、ミクロフィラリアとなって放出される。その数、1日に1000にものぼる。数千のミクロフィラリアが皮膚や眼の組織内を移動。眼に到達すると、白内障や角膜炎を引き起こす。失明に至る場合もある。

投与された家畜が排泄する糞には、しばらく薬効が残留するので、それに集まる甲虫（糞ころがしの仲間）やハエ類が死んでしまうらしい。これらの昆虫は糞を分解してくれる、いわば益虫なのだが、イベルメクチンを投与すると糞虫が減って糞の分解が遅くなる。さすがに牧場が糞だらけになることは報告されていないが、衛生上好ましいことではない。また糞虫の中にはダイコクコガネのような絶滅危惧種もいる。よく「毒は薬にもなる」というが、「つよい薬は毒にもなる」ということも忘れてはいけない。

がん細胞を殺し、エイズ感染を防ぐ

大村さんの発見はイベルメクチンに留まらない。抗がん剤として使われているスタウロスポリンという物質も見つけた。これはイベルメクチンをつくる放線菌の親戚であるストレプトマイセス・スタウロスポレウスが産出する化学物質である。すでにお分かりのとおり、物質の名前はこの場合も微生物の種名からきている。どちらが先につけられたかは命名者に聞いてみないとわからない。スタウロスポリンには、がん細胞を殺す働きがある。

他にも、やはり放線菌に由来するアクチノヒビンは、エイズウイルスの表面に結合し、細胞への感染を防ぐことが知られている。いまだに猛威が収まらないエイズウイルスの感染予防薬として期待されていることは言うまでもない。ちなみに、アクチノヒビンは、二〇〇三年に新属として記載されたロンギスポーラ・アルビダという放線菌が産生する物質である。

農薬も微生物から

さらに、新たな農薬として期待されているものにピリピロペンがある。これはアスペルギルス・フミガトゥスという麹菌（カビの一種）が生産する物質で、コレステロールの吸収を阻害する作用がある。人間の高コレステロール症の治療にはもちろん、アブラムシなどの害虫に効く農薬として有望視されている。現在、世界各地に普及しているネオニコチノイド系の農薬は、ミツバチや赤トンボなど、さまざまな生物に大きなダメージを与えていることが懸念されているが、ピリピロペンはミツバチや天敵への悪影響が極めて少なく、そのうえ分解も速いので残留性も低い。近々、農薬として国の認可が下りる見通しであるという。ただし、ネオニコチノイドの轍を踏まないよう、野外に棲むさまざまな生物に対する影響を追跡し、検証することを怠ってはならない。

微生物からのご利益は無限

ペニシリン、ストレプトマイシン……

少し後付けになるが、ここで改めて土壌微生物と医薬品の関係の歴史をひも解いてみよう。その先達は、ペニシリンというよく知られた薬品である。一九二九年にイギリスの細菌学者であるアレクサンダー・フレミングが、アオカビから発見した最初の抗生物質である。名前の由来はアオカビの学名、ペニシリウム・ノタートゥムからきている。ペニシリンは、病原菌がその外郭にある細胞壁をつくる作用を阻害し、細胞を死滅させる。肺炎や破傷風、梅毒などさまざまな感染症に有効である。フレミングはその業績で大村さん同様、一九四五年にノーベル生理学・医学賞を受けている。

もう一つ初期に発見された薬品として有名なのが、ストレプトマイシンである。これはストレプトマイセス・グリセウスという、イベルメクチンを産生する菌の親戚から見つかったものである（もちろん、ストレプトマイシンのほうが先輩）。これは結核の薬として最初につかわれた抗生物質である。その発見者であるセルマン・A・ワクスマンは、一九五二年にやはりノーベル賞をもらっている。

ある文献によれば、一九八九年から一九九五年の間に認可された抗がん剤のうち六〇％が生物由来であり、抗生物質では何と七八％にものぼる。また抗生物質のうちの半数以上が、ストレプトマイセス属の放線菌に由来するらしい。私たちは怪我や風邪で医者に行けば、細菌による感染を防ぐために抗生物質をもらうことが少なくない。また、がん患者の少なからずは抗がん剤治療を行っている。普段の生活ではあまり気づかないかもしれないが、いざという時に微生物の多様性に大変お世話になっているのである。ただし、風邪はウイルス感染症なので、抗生剤で風邪そのものは治らない点は注意すべきである。やたら抗生剤を処方する医者は、その高い薬価を目当てにしているかもしれない。

これまでに私たちが手に入れている微生物の効能は、まだほんの一部に過ぎない。なにしろ、一グラムの土壌のなかには数十万から数億個の微生物が棲んでいるのだ。地球の人口が七〇億ほどなので、ちょうど同じくらいの数がわずかスプーン一杯の中でひしめいている勘定だ。土壌の微生物は、実験室で培養しようとしてもその大部分は死滅してしまい、その存在を確かめることさえできない。私たちのような頑丈な体をもっていない、非常にデリケートな生き物である。

最近、ＤＮＡの解析の技術が進歩し、土の中の微生物のＤＮＡを培養することなく調べることができるようになった。その結果によると、私たちが培養できた、つまり発見できた微生物は、実際に棲んでいる種数のわずか一％ほどであることがわかった。この数字は、まだ見ぬ微生物がもつご利益は計り知れないことを示唆している。

画期的な培養法

ごく最近、アメリカのロシー・リングらは、寒天培地ではなく、土を使って微生物を培養する新しい技術を開発した。この方法は、か弱い微生物を半自然状態のままで増やすことができるので、いままで効能を調べる前に死滅していた多数の微生物をスクリーニングできる画期的なものである。リングらは、エレフセリア・テラという新種の細菌から抽出された物質が、黄色ブドウ球菌や結核菌を殺すことを突き止め、これをテイクソバクチンと名づけた。なんと一万種以上の細菌の効用を試行錯誤で確かめた後の成果である。

テイクソバクチンは、これまでの抗生物質と違う画期的な方法で細菌を殺す。これまでは、細菌の細胞の「タンパク質」を標的として、その外郭を構成する細胞壁を破壊してきた。だが、細菌の遺伝子に突然変異が起こると、タンパク質の構成も変わるため、抗生物質が役に立たなくなることがある。これが薬剤抵抗性が起こる仕組みであり、薬剤と病原菌の「いたちごっこ」の歴史をつくってきたのである。

ところが、テイクソバクチンはタンパク質ではなく細胞壁にある「脂質」を標的にして細胞を破壊する。遺伝子に変化が起きても、基本的に脂質は変化しないので、細菌が突然変異でテイクソバクチンへの抵抗性を獲得することは原理的に困難である。DNAの暗号は、特定のアミノ酸やタンパク質をコードするだけだからである。テイクソバクチンは、細菌の、いやすべての生命体に共通する弱点を突いて進化した産物といえよう。

微生物界もし烈な争い

では、そもそもなぜ微生物には病原菌を殺す物質や、がんに効く物質が存在するのだろうか？私たちには大変ありがたいことだが、なぜと問いたくなる。その理由は簡単で、微生物も微生物同士でし烈な生存競争をしているからである。

時に私たちに致命的な結末をもたらす恐ろしい病原菌といえども、万能ではないはずだ。微生物同士の争いでは、むしろ弱者かもしれない。微生物は進化の長い歴史を通して、他の種類の微生物の増殖を抑え、殺す物質を獲得してきたに違いない。私たち高等生物のように、武器を持ったりできないのであれば、分泌物を使って相手を撃退する術を獲得してきても不思議はない。なにしろ彼らは、すさまじい速度で増殖し、世代を繰り返すことができる。だから、私たちの想像をはるかに超える試行錯誤の末に、思いもしない方法で相手を撃退する物質を獲得してきたのだろう。その意味で、微生物は私たち人類の「先人」であり、学ぶべき点が多数あるのは当たり前といえる。

第2章　「食」から見る生物多様性

豊かな魚食材があるくらし

魚食は縄文のころから

人間は周知のとおり、肉、魚、野菜、穀物など多種多様なものを食べる雑食動物である。特に日本人は魚好きで、昔からいろいろな魚を食べてきた。

魚食の歴史は万葉の時代はもちろんのこと、縄文時代にまで遡ることができる。一昔前の教科書では、縄文人は木の実や動物を採って原始的な生活をおくっていたと書かれていた。いわゆる原始人のようなイメージである。ところが、そのイメージは最近になって一変した。青森県の三内丸山遺跡は、四千から五千年前の縄文時代の集落であるが、マダイ、ブリ、サバ、ヒラメ、ニシン、サメ類、さらに有毒なフグの骨が発見されている。現代の庶民がおいそれとは食べられない高級魚を太古の人が食していたとは何とも驚きである。丸木舟を使って沖に漕ぎ出し、釣り針はもちろん魚網までも使って漁をしていたらしい。

魚の多様性がなかったなら……

現代の魚の市場といえば東京の築地市場である。我が国はもとより、世界でもおそらく最人規模であろう。年間五〇〇種近い魚類を取引していて、一日あたり一〇〇種を越えることもある。全世界の魚の種数が約三万種なので、割合にすればそれほど多くないように思えるかもしれないが、ある一箇所の市場でこれほどの種類が揚がるのだから半端な数字ではない。東京近辺のすし屋や魚屋、居酒屋は、早朝こぞって築地市場に仕入れにいく。築地に直接仕入れること自体が、店のステータスのような雰囲気にもなっている。町のすし屋に入れば、二〇種類をゆうに越える魚のメニュー札がところ狭しと壁に掛かっている。

私は長野県の飯田市出身なので、最初にこの光景を見たときは衝撃だった。子供のころ、刺身といえば色のあせたマグロの切り身のことだった。それに近いものは、父親が好きだったサバの酢漬け（しめサバとはいえない）程度で、イカの刺身さえもなかった。お恥ずかしい話だが、イワシが成長するとアジになると思っていた。昔の日本の山国とはそんなものである。ある意味、縄文時代の人たちよりも貧しい食生活だったのかもしれない。

だが、もちろんいまは違う。刺身の舟盛りのメニューは、地方のスーパーでも都会のスーパーでも大差はない。種類が多いほど高価だが、その魅力度は増す。これが、もしイワシだけのてんこ盛りだったら、誰しもあまり食指が動かないだろう。私たちは、ただ動物性タンパク質を採り、栄養素を満たすだけでは足りないくらしに慣れてしまったようだ。贅沢と言えばそれまでだが、そうしたゆとりが人間らしい生活や文化を生み出してきたことは間違いない。そして、そのくらしや文化は、どうやら現代人特有のものではなく、すでに縄文の時代から芽生えがあった。もし魚の多様性がなかったら、人生の楽しみが幾ばくかは減ったに違いない。

多様性の連鎖

当然のことだが、魚は他の生き物を食べて育つ。イワシやサンマのように、動物プランクトン（ミジンコやヨコエビの類）を主食にする種もいれば、マグロやカツオのように他の魚やイカを食べる種もいる。海に棲む生物は、ごく簡単に言うと、体が大きくなるほど大きな餌を食べる。つまり、食物連鎖の上位にいる生物ほど体が大きく、餌生物のサイズも大きくなるというわけだ。シロナガスクジラのように体が巨大でも動物プランクトンを主食とするのはむしろ例外である。

先ほど述べたとおり、築地市場に出回る魚は五〇〇種にも登る［写真2―1］。それらの餌は多種多様な動物プランクトンだったり、人間が食用とせず、そのため水揚げもされない魚種も数多く含まれているはずだ。だから、私たちが何気なく食べるマグロの刺身やカツオのたたきは、元をただせば多種多様な餌生物からなっていて、それらが凝縮されたタンパク質の塊ともいえ

［写真2-1］▶**500種もの魚が水揚げされるという東京の築地魚市場からの豊かな魚介類を売る築地場外市場**

巨大都市東京の食生活をささえて80余年、魚河岸の名で親しまれる東京都中央卸売市場築地市場では，1日当たり水産物2,167トンが取引きされるという。

写真提供＝今井空／PIXTA

る。私たちの食生活は、こうした多様性の連鎖、すなわち「多様性×多様性」の上に成り立っていることを忘れてはならない。

この話に関連して、もう一点注目すべきことがある。先ほど、サイズが大きい魚ほど大きい餌を食べるという説明をしたが、これは私たちが海からの恵みを維持的に享受するうえで重要な示唆を与えてくれる。少し手間のかかる説明になるので、じっくり考えていただきたい。

要はバランス

いま、マグロ一キログラムとイワシ一キログラムが食卓にあったとする。好き嫌いは考えないとすれば、ともに動物性タンパク質には違いないので、人間にとっての栄養摂取の点からはたいした差はない。だが、マグロとイワシでは食物連鎖の段階が明らかに違う。イワシは動物プランクトンの上だが、マグロはイワシのそのまた上である［図2-2］。ともに、もとをただせば動物プランクトンに行き着くわけだが、一キログラムの体を造るのに要した動物プランクトンの量は、イワシとマグロではまるで違う。あたかも仲買業者を通すたびに手数料を搾取されるように、食物連鎖の段階を一つ上がるたびにエネルギーや物質が排出されるからである。

私たちの食べたご飯がそのまま身になるわけではなく、便として排泄されたり、体温維持のためのエネルギーとして使われたりするのと同じ理屈である。動物では一般に、食べた食物の

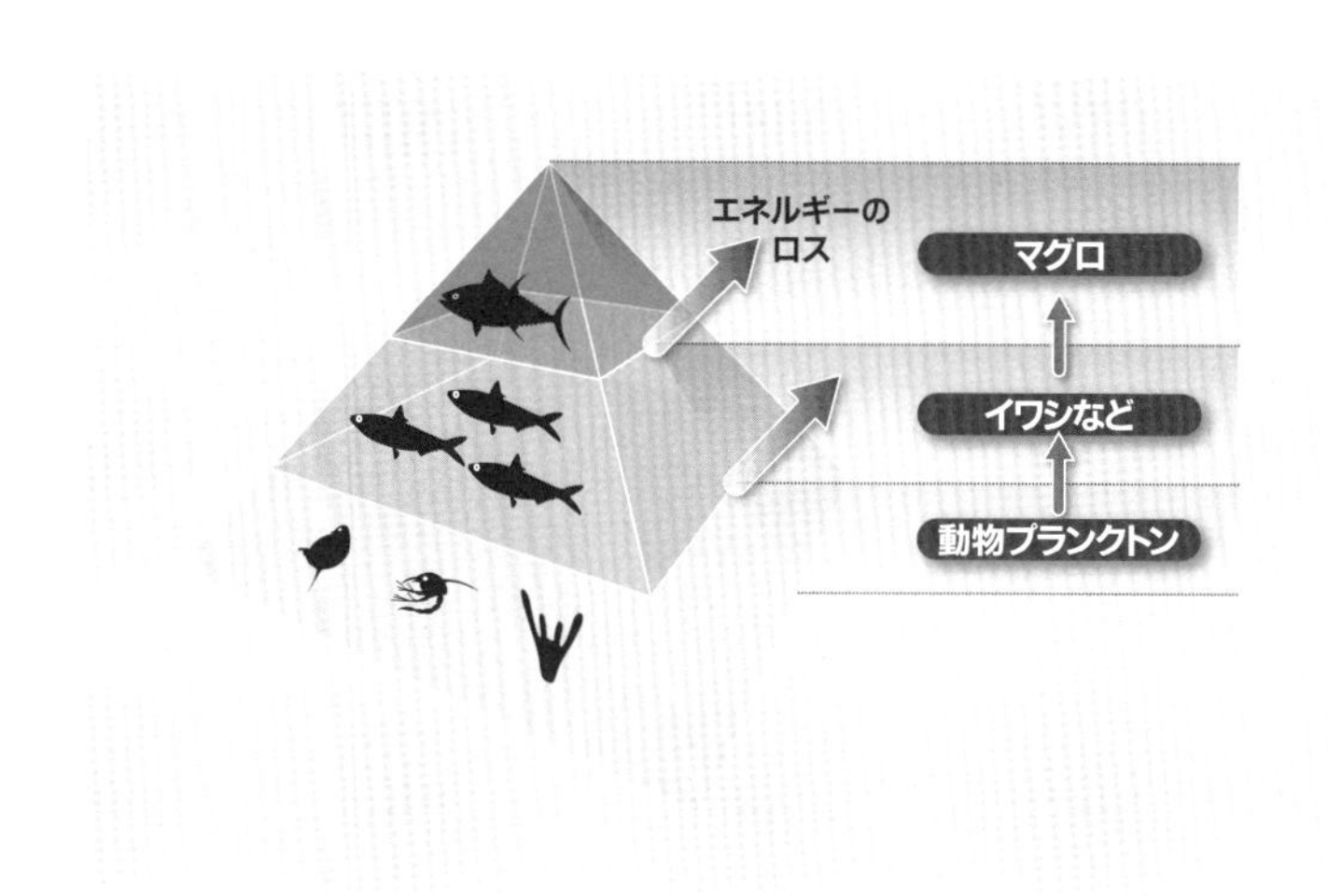

［図2-2］▶マグロとイワシをめぐる食物連鎖
イワシよりも100倍もの動物プランクトンを必要とするマグロばかりを人間が食べていては、エネルギーロスは膨大になる。

一〇％しか身にならず、残りの九〇％はロスしてしまう。マグロでは、動物プランクトン↓イワシと、イワシ↓マグロの二段階でロスが発生する。これを逆算すると、同じ一キログラムの魚肉でも、マグロが必要とする動物プランクトンの量はイワシよりも十倍多いことになる。さらに、マグロはイワシより大きいサバも食べるので、イワシ↓サバ↓マグロという一段階が追加されることもある。この場合は、マグロはイワシより百倍の動物プランクトンが必要となる。

つまり、生態系におけるマグロの「生産効率」は低い。だから、人間が過剰にマグロを食べることは、生態系を下支えしている動物プランクトンを過剰に搾取し、生態系に大きな負荷を与えることを意味している。マグロもイワシもバランスよく食べるのが、生態系にも家計にも、そしておそらく健康にも優しいといえよう。

野菜、果物、穀物の歴史とともにある

青果類の広大な背景

店頭に並んでいる青果類は色とりどりで、魚介類と並んで私たちの目を楽しませてくれる。その大部分が野生の原種から数百年から数千年かけて品種改良されているので、植物に関する知識が相当ないと、外見から何の仲間の植物かを言い当てるのは難しい。大根・白菜・キャベツ・カリフラワーは「アブラナ科」、レタス・ゴボウは「キク科」、トマト・ピーマン・ジャガイモ・唐辛子は「ナス科」、ニンジン・春菊は「セリ科」、カボチャ・スイカは「ウリ科」である。この辺までなら何とか納得できるかもしれないが、サツマイモは「ヒルガオ科」、ホウレンソウは「ヒユ科」というのはなかなかイメージできない。これらは中南米や中央アジア、地中海地方などに由来するものが多い。たぶん文明発祥の歴史と関連しているのだろう。ちなみに「科」は「属」の上の分類の単位で、犬や猫はそれぞれイヌ科でありネコ科である。私たちはヒト科に属し、ゴリラやチンパンジー、オランウータンと同じ仲間である。

フキノトウ、タラの芽、ウコギ

国産の野菜(山菜)も地味ではあるが少なくない。フキ・セリ・ウド・ミツバ・ワサビ・ワラビ・ゼンマイなど。どれもいまは年中口にできるが、野生のものは野趣にあふれていて旬の味覚がする。山菜のなかではフキノトウやタラの芽はあまりに有名だが、地域によって人気のある種類が違うのが面白い。私が一番好きなのはウコギの葉である。これは、長野県飯田地方と山形県米沢地方以外ではほとんど知られていない。飯田地方では「おこぎ」の愛称でよばれ、独特の香りと食感は抜群である。米沢では江戸時代に上杉鷹山が飢饉に備えて人家の生け垣に植えることを奨励したらしい[写真2-3]。なぜかくも離れた二地域でウコギを食べる習慣が根づいたのか、なぜこんなにうまい山菜が全国に出回らないのか、不思議でならない。

温帯と熱帯の果物

果物についていうと、日本で栽培されているものは比較的特定の分類群にまとまっていて、バラ科(イチゴ・リンゴ・梨・桃)やミカン科(各種)が多い。バラ科の果物は、色形や大きさはさまざまだが、花はどれもサクラを一回り大きくした感じでよく似ている。これは野菜についても同じである。たとえばナス科のトマトとピーマンの果実(食べる部分)は外見がだいぶ違うが、六個の花弁で下向きに咲く花の姿はよく似ている。

［写真2-3］▶米沢市が今に伝える上杉鷹山とうこぎ

『うこぎ白書』（発行＝米沢生物愛好会 1999年）
米沢生物愛好会代表の石栗正人氏所蔵。米沢生物愛好会は発足から60年。高校の生物科教師でもあった石栗氏は、米沢の自然観察、景観形成などに取り組み、米沢藩第9代藩主だった上杉鷹山公奨励のウコギ垣復活運動を展開してきた。

『米沢の伝統野菜うこぎ』（発行＝米沢うこぎ振興協議会　2015年）
米沢生物愛好会の活動を引き継ぐ米沢うこぎ振興協議会（米沢市産業部農林課）では、うこぎについての歴史から栽培方法、料理レシピ集、商品化された「うこぎ茶」「うこぎまんじゅう」などを紹介してじつに多彩。「うこぎの輪」を広げようとロゴマークも誕生した。

温帯の果物と違い、熱帯や亜熱帯の果物はとても多様性が高い。熱帯地域では生物の種の多様性が高いのだから当然とも言える。そもそも、現地の人がどれほどの種の果物を食べているのか、十分に把握すらできていないようだ。インドネシアのオランウータンは、野生のドリアンやマンゴー、イチジクなどを好むらしいが、季節を通して多種多様な果実のなる熱帯は、同じヒト科である人間にとっても恵み豊かな生態系にちがいない。

文明を支えてきた穀類

穀物ではコメ、コムギ、トウモロコシが世界三大穀物として有名である。コメとムギは少なくとも七、八千年前から耕作が始まったようだ。文明の発祥はこれら穀物と深く関わっている。東南アジア原産のコメは中国の長江文明、西アジアに自生するコムギはメソポタミア文明、中南米原産のトウモロコシはマヤ・アステカ文明をそれぞれ支えてきたといわれている。いまはこれら三種の生産量が突出しているが、イネ科の雑穀（ヒエ、アワ、コーリャンなど）や豆類、ソバなども農耕文明の発祥の地では古くから栽培されてきた。

日本の縄文時代、五五〇〇年前の三内丸山遺跡からも雑穀の種子がみつかっていて、すでにこのころから栽培されていたようだ［写真2−4］。海の幸に山の幸、そして部分的に農耕も行っていたことになり、やはり縄文人の食生活は昔の想像以上に豊かだったのだろう。

[写真2-4]▶5500年前の縄文人のくらしを知ることができる青森県の三内丸山遺跡
写真の奥には、食物倉庫などに使われていた高床式建物も再現されている。この遺跡の低湿地からは動物の骨や植物の種子が大量に出土し、縄文人の豊かな食生活がうかがえる。
写真提供＝663highland

トレードオフという宿命

青果や穀物が魚介類と大きく異なる点は、そのほとんどが長い年月をかけて人間の都合のいいように品種改良されてきたことである。味のよさや大きさはもちろんのこと、成長の速さ、一斉に開花して結実する性質、自家受粉できる性質、耐寒性、病害虫に対する抵抗性など枚挙に暇がない。しかし、これには大きな落とし穴がある。

優れた性質をもった品種は各地に広く栽培される一方で、原種や古い品種はもはや役に立たないと見なされて衰退傾向にある。言い換えると、栽培作物は遺伝的に均一になりやすく、どこに行っても金太郎飴のように同じ品種だけが広がりやすいのだ。だが、どんな条件にあっても優れた品種などあるはずもない。成長が速くて大きな実をつける品種は、病害には弱いかもしれないし、ある病気に抵抗性がある品種は別の病原菌には弱いことだってありうる。こうした「あちらを立てればこちらが立たず」の関係は生物に共通して見られる性質であり、「トレードオフ」と呼ばれている。

トレードオフが逃れることができない宿命である以上、いざという時に備えて、原種や古い品種をきちんと確保しておくことは非常に重要である。これは同じ種のなかでの「遺伝子の多様性」を確保することに他ならない。遺伝子資源の保全とよぶこともある。いま、リンゴの国内生産量の半分以上が「ふじ」で占められているが、その一方で多くの品種が消え去っている。

この画一化を懸念する人もいるらしい。

バナナが消える？

実はすでにこうした懸念が現実のものになりつつある。皆さんよくご存知のバナナは、キャベンディッシュという品種がシェアの九九％を占めている。この品種が広まったのは、昔はやっていたグロスミッチェルという品種が、パナマ病（カビの一種が起こす病気）で一九六〇年代に壊滅したからである。

バナナの野生種はアケビのような小ぶりの実をつけ、中には黒い種が入っている。だが、栽培種には種がない。食べやすいように品種改良したからだ。種なしバナナは、花粉が雌しべについて受精して種子をつくる「有性生殖」ができないので、株分け（無性生殖という）で増やすしかない。つまり、栽培されているバナナは遺伝的に均一なクローンなのである。だから、強力な病気が出現するとあっという間に広がって食い止めようがない。かつて人気のあったグロスミッチェルはこうして消滅し、キャベンディッシュが取って代わったわけだ。当時を知る人は、いまの品種は昔のものに比べて味が落ちるというが、仕方ないことである。

ところがごく最近、新種の病原菌がキャベンディッシュの脅威になっている。東南アジアを基点として、インド［写真2-5］、オーストラリア、アフリカに蔓延し始め、各地で甚大な被害を与えている。最大の輸出国である中南米に入るのも時間の問題らしく、キャベンディッシュもグロスミッチェルと同じ運命をたどる可能性がある。こうなれば、バナナ産業に大打撃を与えるだけでなく、バナナに栄養を依存する貧困国に深刻な飢餓をもたらすおそれさえある。

アイルランドのジャガイモ飢饉

こうした飢饉は実際に過去にも起きている。十九世紀半ばにアイルランドで起きた「ジャガイモ飢饉」である［写真2―6］。

ジャガイモは南米高地の原産である。アンデス・チチカカ地域で、六世紀ころから栽培され先住民の主食であった。現地には分類学的に六種ものジャガイモがあり、品種に至っては何と三〇〇〇種以上にもなるらしい。ヨーロッパには一四九三年にコロンブスの手で持ち込まれた。これは「コロンブス交換」とよばれる新大陸と旧大陸の間で行われた作物や家畜の大規模な交換の一環による。ジャガイモ以外にも、トマト、唐辛子、トウモロコシ、タバコなど、いまでは全世界で広く使われている作物が新大陸から入ってきた。当然のことながら、イタリアのトマト料理や韓国のキムチはその後にできた「伝統料理」である。一方、旧大陸からは牛や馬、コムギやコーヒーなどがもたらされた。ついでに、梅毒や黄熱病といった厄介者も新大陸に入りこんでしまった。

［写真2-5］▶インド南部のハンピ地方のバナナ栽培

世界のバナナ生産高の3割近くを占め、そのほとんどが国内向けというインドでは、野生種を含み600種以上のバナナが発見されている。輸出用の栽培もという動きはもちろんあるが、「バナナは、美と豊穣と幸運を司る女神ラクシュミーの生まれ変わり」と伝えられるこの国で、経済のためにバナナを駆り出すことはないような気がする。

十九世紀半ばのアイルランドでは、生産性の高いジャガイモを主食としていた。ジャガイモの単位面積当たりで収穫できる量は、麦類の四倍にも達するというから、冷涼でやせた土地にはもってこいの作物である。

ジャガイモは種子ではなく、前年にとれたタネイモで栽培を繰り返す。当時は収量の多い単一の品種だけを育てていたので、海外から病原菌が侵入するとあっという間に蔓延し、壊滅的な被害を受けた。その結果、大飢饉が起きて一〇〇万人（人口の二〇％以上）もの餓死者がでたらしい。さらに二〇〇万人ちかくが海外に逃れたため、アイルランドの人口は激減してしまった。その影響はなんと現在まで尾をひいていて、十九世紀半ばに八〇〇万人いた人口は、いまだに約六〇〇万人に留まっている。一七〇年も前より人口が少ない国は、世界中をみわたしても他にないだろう。

また当時の貧困層の多くはアイルランド語を話していたため、飢饉の後にはアイルランド語を話す人が激減し、一国の文化が衰退するという事態にまで到った。当時、アイルランドを支配していたイギリス本国が、食糧援助を行わなかったことが餓死者を増やす要因になったようだ。二〇年ほど前までアイルランドの過激派組織が起こすテロが話題になっていたのも、こうした歴史背景があるようだ。一九九七年にイギリスのトニー・ブレア首相がアイルランドで行われた追悼集会に出席し、謝罪の手紙を読み上げたのは印象的である。

［写真2-6］▶アイルランドのジャガイモ飢饉

アイルランド史における大飢饉とは、1845年から49年にかけてアイルランド島を襲ったジャガイモの未曾有の不作のこと。ジャガイモ疫病菌が原因だった。

写真は「餓死者は150万人を超えた」と、食糧援助をしなかった英国を訴える看板（上：画像提供＝Miossec）と、当時のことを綴った本。

なお、ジャガイモ飢饉の折にアイルランドからアメリカに移住した子孫が、のちにアメリカ大統領を何人も生みだした。ケネディ、レーガン、クリントンと印象に残る大統領は、いずれもアイルランド出身とのことである。

野菜や果物を支える虫たち

風媒・虫媒・まれに鳥も

市場やスーパーにある魚介類は、動物プランクトンをはじめとするさまざまな餌生物に支えられていることはすでに述べた。では野菜や果物はどうだろうか。これらは植物なので、動物に食べられることはあっても食べることはない。光と水、そして二酸化炭素があれば光合成をして、自力で炭水化物をつくることができる。根っこから吸い上げた窒素と組み合わせてタンパク質もつくっている。だが他の生物からの助けが必要なものも少なくない。

花を咲かせる植物の多くは、花粉が雄しべから雌しべに運ばれることで実をつける。イネやコムギのように、風で花粉が運ばれる植物(風媒)もあるが、虫が運び屋になっている種類も多い。これを虫媒花という。まれには、鳥やコウモリが運ぶ場合もある。たとえば、ツバキの結実にはメジロという鶯(うぐいす)色をした小鳥が貢献している。都会でも庭先にツバキやサザンカが植えてあると、メジロがやってきてピーピー鳴いているのをよく見かける[カラー i]。

野菜や果物の多くも昆虫など動物のお世話になっている。ある報告によると、世界に流通している作物のうちで七五%（八七品目）が動物に送粉を依存しているという。うち四三品目は動物への依存度が特に高い。野菜では、スイカ、メロン、キュウリ、カボチャなどのウリ科がその代表である（メロンやスイカは野菜に分類される）。果物ではリンゴ、ナシ、モモ、ラズベリー、サクランボなどバラ科が昆虫に強く依存している。

ちょっと変わったところでは、穀類に分類されるソバ、ナッツ類のアーモンドやカシューナッツ、香辛料のコリアンダーやカルダモンも、昆虫が重要な送粉者である。コーヒーは品種によっては自家受粉や風媒ができるが、送粉者もそこそこ必要である。

送粉昆虫たちのおかげ

送粉者の主役はミツバチやマルハナバチである。一度に運ぶ花粉の量が多いことに加え、ミツバチでは数万、マルハナバチでは数百個体からなる大きい巣（コロニー）をつくるので、働き手（働きバチ）の数が膨大になるからである。他には、コロニーをつくらず単独生活をするハナバチ類、ニクバエやヤドリバエ、ヒラタアブなどのハエ類、多種多様な甲虫類などが関与している。セイヨウミツバチや一部のマルハナバチは、人工飼育されたものが市販され、作物の送粉者として活躍しているが［写真2−7］、その他、大多数の昆虫は自然界で自活している。

とくにサクランボ、ソバ、菜の花は、ミツバチなどのハナバチだけでなく、膨大な種数を有

［**写真2–7**］▶**イチゴの花にとまるクロマルハナバチ**
イチゴを栽培する温室に放たれたクロマルハナバチ（雌の成虫）が、イチゴの交配を援ける（上）。実をつけたイチゴと花の蜜を舐める雌のクロマルハナバチ。
写真提供＝鷺坂哲志

するハエや甲虫類が送粉に相当貢献している。ニンジンやタマネギでは根を食用にするので、作物生産に送粉者は直接関与しないが、種子の生産にはやはりハエや甲虫がかなり重要らしい。

ミツバチなどのハナバチは生涯にわたって花粉や蜜を食物にしている。働きバチが花から餌を採取して巣に持ち帰り、幼虫に与えて育てるので当然である。だがハナアブやハエの仲間はコロニーもつくらないし、親が子の世話をすることもない。それどころか、親は基本的に草食(蜜や花粉)であるが、幼虫は肉食だったりする。たとえば、ヒラタアブの幼虫はアブラムシを餌とするし、ハナアブの幼虫は水中に住んでいて、腐った落ち葉やユスリカなどの小昆虫を食べている。なかには、スズメバチの巣に寄生して幼虫を食べる者もいる。

こうしてみると、ある作物一種の実りは、さまざまな送粉昆虫に依存しているだけでなく、その昆虫たちの幼虫時代の餌にも間接的に依存していることになる。つまり、個々の作物は、少なく見積もっても二桁、多ければ三桁ともいえる生物種から直接、間接に恩恵を受けているのだ。これを私たちが利用している作物全体に広げれば、(作物の種数)×(送粉者の種数)×(送粉者の餌の種数)の計算になるのだから、私たちの食はまさに生物多様性に支えられていることになる。

昨今、セイヨウミツバチのコロニーが全滅する事件が世界各地で起きている。ミツバチの失踪ともいえるこの現象は、農薬や寄生虫が原因と考えられているが正確なことは分かっていないらしい。だがその原因のいかんにかかわらず、家畜のように人間が人工的に育てたミツバチに過度に頼るのは大きなリスクをはらんでいることは明白である。

多様な送粉者がいれば、何がしかの理由で特定のグループの昆虫が減っても、他のグループがその穴を埋め合わせてくれるだろう。これは「種」を単位とした多様性の話であるが、ジャガイモ飢饉やバナナの危機で述べた遺伝子の多様性の話とまったく同じ論理である。生物多様性は、食のリスク回避を陰から支えているのである。

ソバという日本食

さて、ここでソバを題材に少し別の視点から話をしよう。日本人はソバ好きで有名だが、もとは中国の雲南省あたりが原産らしい。野生のソバは東アジアからネパールにかけての冷涼な地域に広く分布しているが、栽培品種の細胞の核にある染色体の数から、雲南あたりが起源ではないかと推定されている。

日本では三千年前の縄文時代の遺跡からも見つかっているので、栽培の起源は相当古い。いまは、米よりもどちらかというと高級なイメージがあるが、もとは干ばつで米が取れないときの非常食のような扱いだった。江戸時代の初期までは粥にしたり、パンのように焼いて食べていたが、その後にいまのような麺にして食べる文化ができたらしい。

ソバはタデ科の植物である。あの「蓼食う虫も好きずき」のタデである。ここでの蓼はヤナギタデという特定の種のことを指し、結構辛みが強いらしい［写真2-8］。私はヤナギタデを食べたことはないが、ソバの茎と葉はある店で試したことがある。ほんのり辛み（苦味）があって、とても上品な山菜の味がした。

ソバは広義の穀類ではあるが、コメや麦のようなイネ科植物ではない。だから、疑似穀類という風変わりな名前がついている。コメなどとの違いは、類縁関係が離れているというだけではない。コメや麦は風媒であるが、ソバは虫媒である。茨城県の里山で行われた調査によれば、ミツバチやマルハナバチの他に、ハエやアブ、アリなどの小さな昆虫も同程度にソバの実りに貢献しているという。

ソバ畑とミヤマシジミ

ソバの花は蜜の量が多いらしく、ミツバチが巣に大量に貯めたハチミツを「ソバ蜜」として売っている地方もある。だから、ソバにはいろんな昆虫が蜜を求めて飛来する。茨城県での調査によれば、百種近い昆虫が記録されている。私は地方に調査に行く機会が多いので、ソバ畑をよく見かける。たまに近くで見ると、確かにミツバチやらハエやらがたくさん飛んでいる。だが私はついつい好きな蝶に目が行ってしまう。ヤマトシジミやイチモンジセセリ、キタテハな

[写真2-8]▶ヤナギタデ(学名: *Persicaria hydropiper*)
辛い葉は薬味として使われる。すり潰して酢に混ぜて作る蓼酢は日本の伝統的な調味料。昔から「鮎の塩焼き」にかけて食されている。

ど、都会にもいる種に交じって、ミドリヒョウモンやヒメアカタテハも来ている。ごく最近私が見つけた長野県伊那谷のソバ畑には、ミヤマシジミがたくさん訪れていて本当に仰天した。

ミヤマシジミは環境省が指定する絶滅危惧ⅠB類、つまり「近い将来における野生での絶滅の危険性が高い種」にランクされている。だが、私が幼少のころ（一九六〇〜七〇年代前半）の伊那谷では、珍しい種ではなかった。少し山沿いの水田の畔や荒れ地に行けば、あちこちで飛んでいた。翅の裏面の縁にオレンジの帯があるので、ヤマトシジミやツバメシジミと一目で区別がつく。だが、その後数年であまり見かけなくなった気がする。大学に入って上京してからは地元に疎遠になったので、その後の経過はよく知らなかった。

ところが最近、年のせいか故郷の自然を見直すようになり、ここ数年ミヤマシジミの調査で訪れている。昔いた場所のほとんどは絶滅していたが、一箇所だけ少数が残っている場所があった。その付近で道に迷って車をノロノロ運転していたときに、まったく偶然にミヤマシジミがたくさんいる田んぼの畔を見つけた。そこは草丈が低く、幼虫が食べるコマツナギという植物も多かった。パッと見て五〇匹を超える数の個体がいた。まさに四〇年前の光景そのもので感無量だったのだが、驚きはそれにとどまらない。よく観察すると、畔にいる個体が道路の反対側にあるソバ畑へ次々と移動していたのだ。案の定、蝶はソバの花で盛んに蜜を吸っていた［カラーiv］。そのとき、ひょっとするとソバ畑があることで、ここのミヤマシジミの数が異様

[写真2-9]▶長野県塩尻市で見つけたソバ畑

ソバの日本での栽培は北海道から九州まで、ほぼ全国で行われている。作付面積は北海道が主だが、近年は長野県での作付面積が増え、山形県についで3番目に多くなっている。

に多いのではないかと思いついた。もしそうであれば、人間が造った畑が絶滅危惧種を支えているということになる。まだその確証はないし、そうであっても特殊な例に過ぎないかもしれないが、食糧生産と希少生物の保全が両立している現場を見た気がして感激した。

近年の健康食品やダイエットブームでソバの人気が高まったせいか、夏から秋に地方に行くとソバ畑をよく見かける[写真2-9]。コメの減反対策として、水田をソバ畑に転換したことも理由かもしれない。多様な昆虫に支えられているソバの実りが、反対に生物多様性を支えているという逆の因果は、意外とあちこちで起きているのかもしれない。

第3章　健康な生活と生物多様性

体の健康と微生物の関係

内なるわが身の「相利共生」

この本では、私たちの身近な生物多様性を主題にしている。食糧や医薬品などは確かに身近だが、もっと身近なものがある。それは「内なるわが身」にある生物多様性、すなわち腸内細菌である。種数にして数百、個数にして数百兆がくらしているらしい。一グラムの土に微生物数億個という数字に比べると、腸内の方が五桁多い。腸の重量は多く見積もっても十キロ程度なので、単位重量に換算すると、土中よりも一桁多い計算になる。つねに栄養が豊富で温度も一定なので、よほど棲みやすい環境なのだろう。

人体には微生物以外に線虫も棲んでいる。線虫と言うとピンとこないかもしれないが、回虫やギョウ虫なら知っているだろう［写真3－1］。いわゆる寄生虫である。微生物とは対照的に、土中には無数の線虫がいるが、体内の線虫ははるかに少ない。昭和三〇年代はおよそ二人に一人が何らかの線虫を保有していたが、いまでは数千人に一人程度まで減った。トイレなどの衛生状態が格段に改善されたからである。私が小学校のころは、回虫は検便で検査し、ギョウ虫

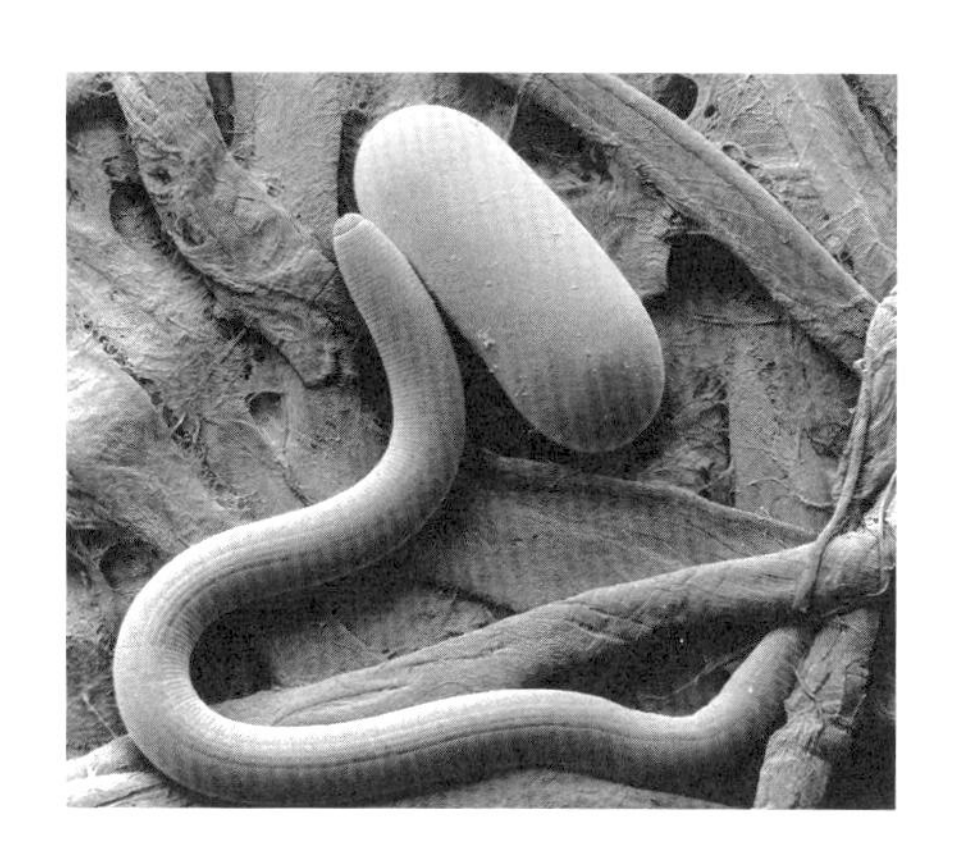

[写真3-1]▶土中や体内にも寄生する線虫
写真はダイズやアズキに被害をおよぼすとされるダイズシストセンチュウ。画像は英語版ウィキペディアより。

は肛門にセロハンをつけて検便した。回虫検査はずっと前になくなったようだが、ギョウ虫検査は平成二七年度を最後に廃止になったらしい。

さて、体内微生物も線虫も、一般的なイメージとしては明らかにマイナスである。そもそも腸内にいるというだけで嫌悪感があるのかもしれないが、じつは微生物の多くは無害か有益である。線虫も増えすぎなければむしろプラスかもしれない。アメリカでの研究事例によれば、潰瘍性大腸炎にかかるリスクは、体内に鉤虫(こうちゅう)や鞭虫(べんちゅう)とよばれる寄生虫がいると低下することがわかっている。一部では、患者に寄生虫を飲ませて治療することも推奨されているようだ。もちろん、寄生虫は体の外では生きていけないので、人間に飼われることは必須である。このように、異なる生物どうしが互いにウィンウィンの関係を保ちながら生活していることを「共生」、厳密には「相利共生」という。長い進化の歴史を通して、人間と腸内生物の間には、共生関係が築かれてきたようだ。

アレルギー疾患と衛生仮説

近ごろは他にも似たような事例が明らかになっている。細菌や菌類がアレルギー性疾患(アトピーや喘息など)を抑制する効果があることだ。ご存知のように、ここ数十年で先進国を中心にアレルギー疾患は急増し、日本ではいまや三割の人が患っている。花粉症に限っても二割の人が毎年煩わしい思いをしている。

一方、途上国や地方に住んでいる人たちのアレルギー罹患率は低いらしい。都会は大気汚染などが引き金になって花粉症などを発症するという説もあるが、大気汚染が進んでいる途上国の都市部では、その割にアレルギー患者が多くない。最近の研究によると、衛生面の向上や清潔志向で体内の微生物や線虫が減り、それが体の調整能力を低下させたことが原因であるという証拠がぞくぞくと出ている。

微生物や寄生虫の減少がアレルギー疾患を促すという仮説は、一九八九年にイギリスのストラカンにより提唱された。英語ではhygiene hypothesis、日本語では「衛生仮説」あるいは「清潔仮説」として紹介されている。近年の清潔志向の生活が引き起こした疾患という意味からすれば、私は「清潔病」と言いたい。二〇一〇年以降、その因果関係の立証やメカニズムの解明が進展している。たとえば、生後一年以内の乳児の腸内細菌の多様性が低いと、七歳で鼻炎アレルギーになりやすい。またプロテオバクテリアの多様性が高いと、成長してからアトピーになりにくいという報告もある。

では、なぜ微生物がたくさんいるとアレルギー疾患になりにくいのだろうか。むしろ、いろんな微生物が悪さをして事態は悪化するのではないのか。これは私のような免疫学の素人なら誰でも感じる疑問だろう。そこで、次にその仕組みを説明しよう。やや話が難しくなるのはご勘弁願いたい。

アレルギーを抑える仕組み

風邪をひいて熱がでるのは増殖したウイルスや細菌の仕業である。だが、これは一方的にウイルスや細菌が悪さをしているというよりは、体が積極的に炎症反応を起こして奴らを殺しているのである。これは体に備わった免疫反応なので、熱さましで無理やり炎症を抑えると、ウイルスや細菌をむしろ元気にさせてしまう。昔の町医者はやたらに熱さましを使ったが、いまは耐え難い高熱のときだけに使うようにしている。

こうした免疫反応は、体外から進入した異物（抗原）にたいして白血球が増えたり活性化することで起こる。白血球にはいろいろな種類があるが、T細胞はその代表である。T細胞にも何種類かあるが、そのなかでもT1とT2というタイプは、異なる種類の抗原に反応して増える。重要なのは、T1とT2は互いにその影響を抑制する働きがあることだ。これは、免疫反応が一方向に進みすぎて暴走しないような仕組みとなっている［図3−2］。

花粉やダニが産出するアレルギーの元となる物質（アレルゲン）に対しては、おもにT2細胞が増殖する。一方、ある種のバクテリア（例えばプロテオバクテリア）が進入するとT1細胞が増える。だから、多様な微生物が棲む環境では違うタイプのT細胞がバランスよく保たれて、

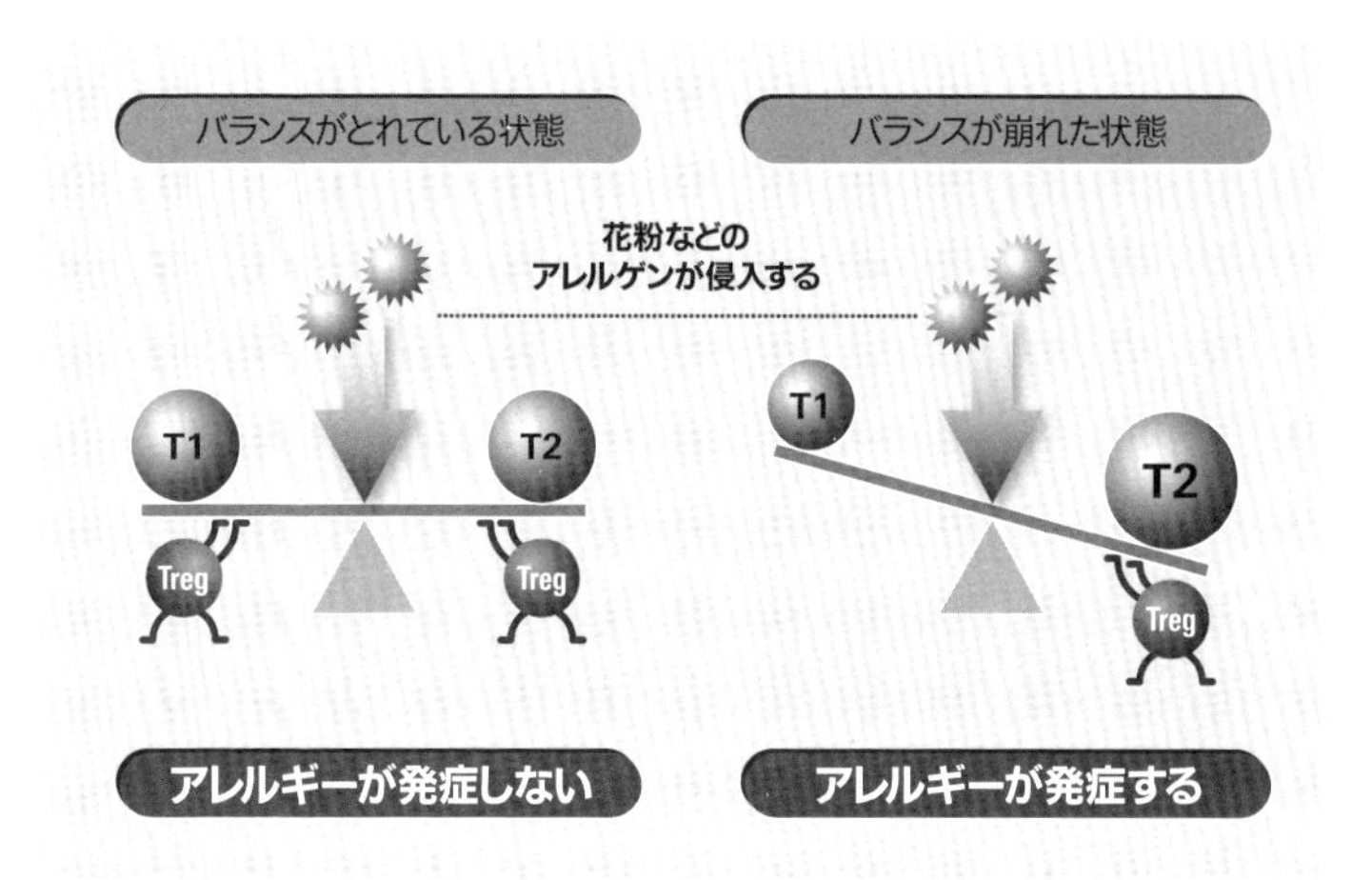

T＝T細胞
Treg＝制御性T細胞

［図3–2］▶アレルギー発症と発症を抑える仕組み

免疫反応の暴走、すなわちアレルギー疾患が起こりにくいのであろう。さらにT細胞には制御性T細胞という第三のものがあり、これはT1とT2の両方を抑制する働きがある。多様な細菌の存在は、制御性T細胞を増やし、他のT細胞の暴走を抑えているのかもしれない。

多様な微生物がアレルギーを抑える仕組みは、他にも候補があるようで、まだどれが本命なのか定まっていない。あるいは状況によって違う仕組みが作動しているのかもしれない。最近この分野の研究の発展は目覚しく、分子生物学的な仕組みがさらに解明されれば、アレルギー疾患の治療が大きく前進する可能性がある。

「細菌の多様性」が肝心

アレルギー疾患が蔓延している背景には、私たちの生活様式の変化が関わっているらしい。腸内細菌の多様性とアレルギーの関係はかなり明らかになっているが、「生活環境の変化」→「腸内の微生物の多様性の減少」→「アレルギー疾患の増加」という一連の流れを示す証拠はどの程度あるのだろうか？　これが真実だとすれば、対症療法にたよるのではなく、私たちの生活の仕方自体を根本的に考え直す必要がある。

最近ヨーロッパで行われた研究によれば、子供の皮膚にいる細菌や寝室のベッドの塵から採取された細菌は、田園地帯よりも都市部で明らかに多様性が低いことがわかっている。これに

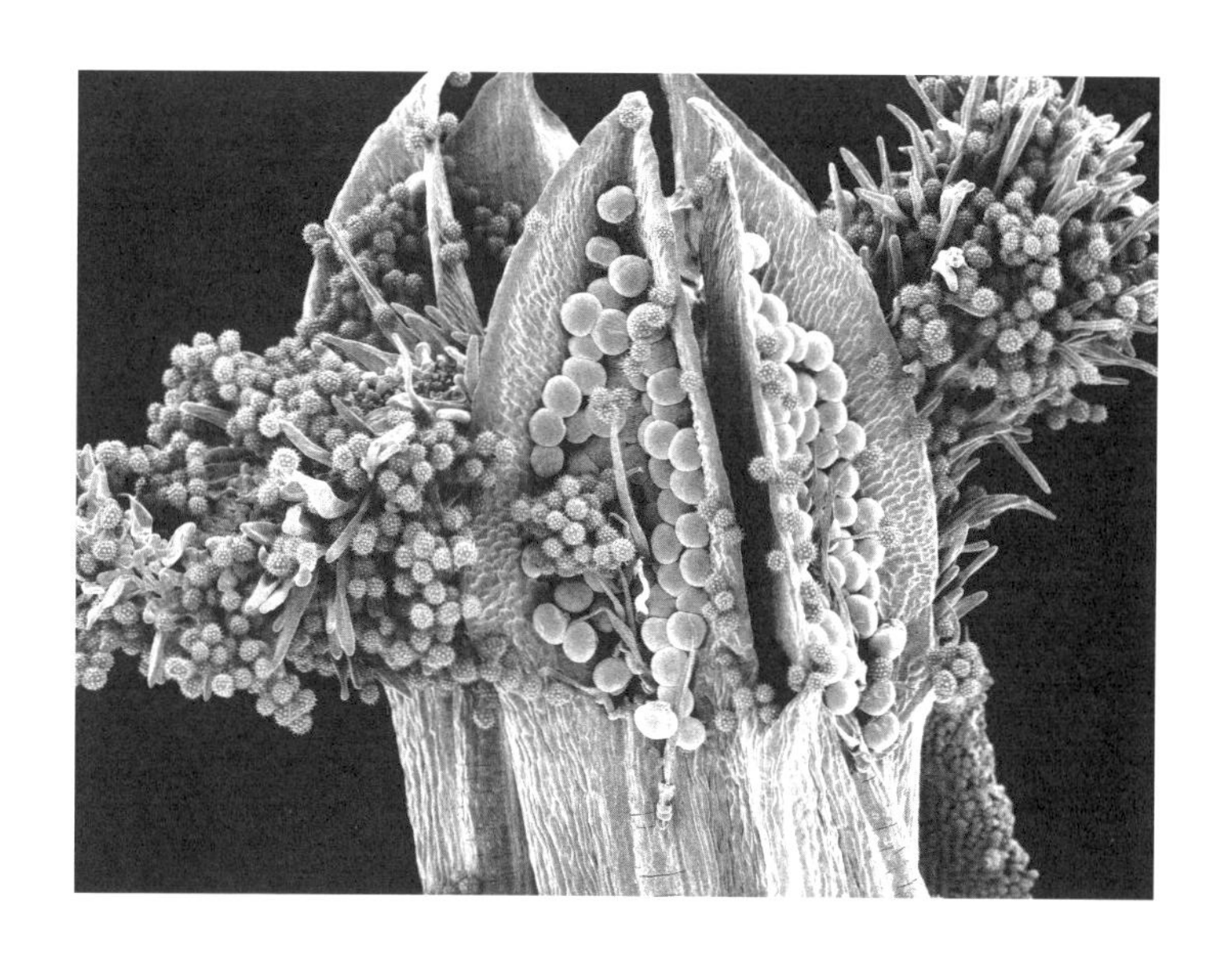

［写真3-3］▶夏の花、ヒマワリの雄しべ（走査電子顕微鏡による）
ヒマワリの花の中心部に密生する雄しべの一つを60倍に拡大して見ると、先端にはたくさんの花粉が付着していることがわかる。肉眼ではとらえられないが、身近な生き物にはさらに多様な世界が広がっている。撮影＝西永奨

対し、アトピーや喘息の子供の割合は都会で高い。

興味深いのは、細菌の量（数）は関係なく、ガンマプロテオ細菌という「属の多様性」がアトピーの人には少ないことだ。つまり、ただ単に細菌まみれになっていればよいというのではなく、細菌の多様性が大切なのである。さらに興味深いのは、自宅の庭に花を咲かせる植物の種類が多い人では、アトピーにかかる確率が低くなるという結果もある。細菌は土壌中に多いが、それ以外にも植物体や花粉にも付着しているようだ［写真3−3］。庭にいろんな花があると、その花粉を介してさまざまな細菌が人体に付着するのだろう。

「ばい菌」のせい？

微生物は、「ばい菌」とよばれることもある。ばい菌はもちろん悪者で、アンパンマンでもおなじみである。外から帰ったらしっかり手を洗ってばい菌を落とす、というのは幼稚園や小学校の先生が教えることのイロハである。確かに、インフルエンザの流行を予防するには手洗いは有効だと聞く。だが、何ごとも行きすぎは禁物のようだ。

子供が外で土いじりをすると叱る大人、子供の体を毎日石鹸で入念に洗ってピカピカにする親の行動は、太古からばい菌に囲まれて進化してきた人類の生活からすれば異常事態でもある。これは思い過ごしかもしれないが、私の身の回りでも清潔志向の強い人にアトピーを患っている人が多い気がする。よく人間のたとえとして、純粋培養は環境の変化に弱いという言葉を聞くが、同じことが私たちと微生物の関係にも当てはまるのではないだろうか。もう「ばい菌」という言葉は死語にしたい。

腸内細菌の多様性の保全

ところで腸内細菌は昔から人の健康に役立つものとして研究がされてきた。ヤクルトの乳酸菌は、もう五〇年も前からテレビのコマーシャルで宣伝されていた。子供のころ、母親にねだったのだが、あんな甘い飲み物は体によくないということで瞬時に却下された覚えがある。だが、いまでは悪玉菌を減らし、免疫力を高める働きがあることは多くの人が知っている。この乳酸菌は、厳密に言うとラクトバチルス・カゼイという細菌の「シロタ株」とよばれるもので、一九三〇年に代田稔(しろたみのる)により発見された。代田さんは私の出身校(長野県飯田高校)の大先輩であるが、恥ずかしながらそれを知ったのはつい数年前である。

また最近の研究によると、こうした特定の細菌だけではなく、やはり細菌の多様性が健康維持に役立っているらしい。クロモグラニンAは血中や唾液中に含まれるタンパク質で、腫瘍や精神ストレスがあると濃度が高まるので、健康具合を測るマーカーとして使われている。このクロモグラニンAは、腸内細菌の多様性が低下すると増えるらしい。興味深いことに、喫煙や甘い炭酸飲料、スナック菓子を摂取すると細菌の多様性は減少するが、コーヒーや紅茶、赤ワイン、野菜や果物などの摂取は多様性を高めるという。腸内細菌の多様性の「保全」には、食生活がきわめて重要であるということだ。

自然と人のほどよい距離

緑地とメンタルヘルス

自然には癒しの効果があると聞く。コンクリートだらけの空間も慣れてしまえば苦に感じなくなるかもしれないが、やはり緑のある公園や里山を散策すると気分が癒されるのは人間の自然な感情であろう。また、近所にそんな環境があれば散歩やジョギングの機会も増えるだろうから、適度な運動の機会も増えて成人病の予防につながるかもしれない。さらに、定年後の人生が長くなった昨今では、郊外の家庭菜園で野菜を育てたり、地域の自然保護活動に加わってボランティア作業に汗を流す人たちも増えている。自然からの直接的な癒しだけでなく、自然を仲立ちにした人間関係の構築で満足感を得ることもあるだろう。最近では国の内外を問わず、こうしたメンタル面での効果を科学的に測る研究が盛んになっている。

近隣に緑地が多いと、自己申告したメンタルヘルスの状態がよいという調査例がある。都市公園を訪れる人は、気分が晴れて自分に肯定的になる。自然環境は、精神的疲労を癒し、社交性を高める、犯罪率を低下させるといった事例まであるらしい。太りやすい体質の人が多い欧米では、肥満の割合が緑地までの距離が近いほど低下するという報告もある。これは日常の運動の機会が増えるからである。

そうしたメリットを反映してか、都市の地価は緑地までの距離が近いと高くなる傾向がある。もちろん、最寄り駅までの距離や都心までの通勤時間といった利便性は第一義的に地価に効いてくるが、それを差し引いても緑地の近くは人気があるということだ。

生物多様性と癒し

都市の緑地には、メンタルヘルス以外の役割もある。災害時の緊急避難場所やヒートアイランドの緩和などである。ヒートアイランドの緩和については、クールアイランドという新しい用語が使われている。新宿御苑では、夏の日中に周辺のビル街に比べて二度ほど気温が低い。明治神宮［写真3－4］では五度以上低いという報告もある。こうしたクーリングの効果は、周辺の宅地にも二、三〇〇メートルほどの範囲まで及んでいる。近隣住民は、夏場の寝苦しい思いが多少は緩和されているかもしれない。

だが、生物多様性の観点からすると、そう話は簡単ではなさそうだ。単に緑があるというだけでは、必ずしも生物が豊かとは限らないからだ。多様な生物がいることが緑地の価値を高めるかどうかは議論があるところである。ある研究によると、来訪者が「感知する」生物多様性

［写真3−4］▶東京都心の緑地「明治神宮」
明治天皇と昭憲皇太后を祀る明治神宮の森の造成が始まって100年。面積約70ヘクタール、都心では皇居に次ぐ広さの緑地である。「神の森」として、人の立ち入りは参道のみに限られてきた。鬱蒼と木々が繁る森には、さまざまな生き物がくらす。写真提供＝Katsuya Noguchi／PIXTA

が高いと確かに癒し効果が高く、訪れるモティベーションが高まるらしい。だが、それが実際の生物種の豊かさを反映しているとは限らないという。

一般の人は単に樹木の本数が多いと種が多いという印象をもつし、鳥のように人目を引く人気者がいれば自然度が高いと認識することもある。公園で来訪者に生き物の写真を見せて、名前を当てさせるという実験をした例によれば、約三割の人は種の名前をまったく当てられなかったという。都市部にくらす住民は、感覚と実際の生物の間に相当なギャップがあるようだ。おそらく地方に住んでいる人たちは、幼少期から日常的にいろんな生物に出会い、相手の生物についての知識を得てきただろうから、こうしたギャップは小さいのではないかと思う。

さらに、生き物に対する好みの偏りの問題もありそうだ。花や樹木、鳥についてはたいていの人は肯定的だが、昆虫類はむしろたくさんいることを嫌悪する人も少なくない。だが、年配者や高学歴の人、あるいは子供時代に緑豊かな環境で育った人は、昆虫に対してもおおむね好意的らしい。これは虫嫌いが決して生得的なものではないことを意味している。

「経験の絶滅」に警鐘

最近、自然体験や生き物体験の消失が問題になっている。なにが問題かというと、都市生活で自然との触れ合いがなくなると、自然や生物を守ろうという動機が薄れ、目先の利益や利便性にだけ目が向いてしまうということである。絶滅の危機に瀕している生物がたくさんいることは周知のとおりだが、人間の生き物体験も「絶滅危惧」になっていて、それが生物の減少を加速させる悪循環を招いている可能性がある。

この悪循環に「経験の絶滅」という言葉をつけて警鐘を鳴らしたのは、アメリカのロバート・パイルという蝶の愛好家である。彼は、「相手のことを知らない人は相手を気にかけない。一方で、相手を気にかければ相手を守りたいと思うはずだ」という名言を残している。この文脈での「相手」とは生き物のことだが、人間やモノにも当てはまる。人間の根源的な心理を言い当てている。私は以前、都市には大して珍しい生物はいないから、都市生態系の保全はあまり意味がないと考えていたが、ちょっと浅はかだった。身近な生き物を知れば、それを守りたいと思う心が育まれるのは人情である。昆虫採集を切手収集のように考えている短絡的な人は別かもしれないが。

何ごともそうだが、一度悪循環に陥るとそこから抜け出すのは容易なことではない。東京で緑地と地価の関係を調べた研究によると、緑の少ない二三区東部の低地（中央区や荒川区など）では、緑地が地価を押し上げる効果が二三区の西部（杉並区や世田谷区など）に比べて低いらしい。理由はいくつか考えられるが、身近な自然がほとんどないことで、住民の自然や緑地への関心が薄れていることを反映しているかもしれない。だから都市住民には、生き物についての経験を育む機会や場所をいま以上につくりだす必要がある。都市緑地を量的に十分確保するのは当然だが、多様な生き物が棲める質の高い環境をつくり、その存在やくらしぶりを市民に教育・普及していく取組みが今後ますます重要になるはずだ。

野生動物が増える理由

一方で、田舎の人は皆が多様な生物に好意的かというとそうとも限らない。最初から自然や生き物に無関心な人は、地元にどんな生き物がいるか気にかけない。知ったり触れ合ったりするチャンスは十分あるのだから、それを生かす仕組みが必要である。いちど知れば関心を持ち、関心を持てば守ろうという心が芽生えるはずだ。

だが無関心より厄介なのは、野生動物の被害がもたらす住民の悪感情である。最近あちこちで増えすぎて農作物被害も起こしているシカやイノシシは、田舎の人たちには悩みの種である。野生動物などいない方がいいと考えても無理はない。こうした野生動物が人間にもたらす負の影響を、最近では「生態系ディスサービス」と呼んでいる。ディス（dis）は英語の否定形である。害虫や病原菌の蔓延、気持ち悪い生き物の発生までもこれに含まれる。だが野生動物の増えすぎは、人間と自然のかかわり方の変化が招いた一種の人災である。田畑の耕作の放棄や雑木林の管理放棄で野生動物が増えているという証拠はいくつも出てきている。

昔は食糧や燃料を地域で賄っていたのが、海外や地域外からの供給に切り替えた結果の顛末である。また、天敵であるオオカミが絶滅したことも人間の仕業である。さらに、野生動物はイヌの吠え声を怖がり、スピーカーでその音声を流すだけで被害が軽減するという報告もある。昔の山里ではたいてい犬が飼われていて、時には放し飼いにもされていた。オオカミを祖先にもつ犬がいない山里は、シカやイノシシにとって怖いものなしだろう。だから、多様な生き物がいることが悪いのではなく、生態系のバランスが崩れたことが問題なのである。害虫の発生や新たな病原菌の流行も、基本は同じである。「生態系ディスサービス」という言葉は私の知り合いでも使う人がいるが、あまり安易に使うべきではないと思う。

風の音、鳥の声、水の音……

国立青少年教育推進機構が平成二二年にまとめた「子どもの体験活動の実態に関する調査研究」という報告書がある。これには非常に興味深いアンケート結果が載っていて驚いた。幼少期に米や野菜、植物を栽培したり、昆虫採集をしたり、野鳥観察をしていると、その多くが成人してから豊かな人間性をもつということだ。

初めて会った人ともすぐに話ができる、友達からよく相談を持ちかけられることがある、悲しい体験をした人の話を聞くとつらくなる、友達が楽しい経験をしたなら自分まで楽しくなる、人から無視された人のことが心配になる、といった情操が育まれるというものだ。これは人間関係能力とか、共生感とよばれている。こうした関係が本当に因果関係を示しているかどうかは、さらなる調査が必要だが、因果があってもおかしくない。子供のころからパソコンのバーチャルな世界に埋没し、他者としての生物の生き様、自然の見せる美しさや厳格さを知らずして、まともな共生感は生まれないだろう。

そういえば十年以上前のNHK大河ドラマ『武蔵 MUSASHI』（二〇〇三年放送）で、柳生石舟斎が若き宮本武蔵との勝負の後に次のような問いかけをするシーンがあった。

「勝負の最中に風の音を聞け。鳥の声、水の音、それを知らずして剣の腕だけを磨いても無駄だぞ、武蔵！」

石舟斎は武蔵の内面の未熟さを察知し、そう諭したのである。吉川英治の原作には両者が直接交わることはないので、脚本家の演出であると思うが、なんとも印象に残る場面であった。生物多様性は、短期的な癒しだけではなく、長期的な人間形成にも関わっているのかもしれない。

第4章　生物に学ぶテクノロジー

バイオミメティクスとは？

もっと自由に、もっと上手く

人間は古来より生物を見ていろいろな憧れを抱いてきた。自由に空を飛びたい、海を泳ぎたい、垂直な壁を登りたい。いまでもこうした願望が、ハンググライダーやダイビング、ロッククライミングに人を駆り立てている。さまざまな技術が進歩した現在では、たいていの願いはかなうようになったが、まだまだ生物の自由さには遥かに及ばない。そして、私たちはまだ生物の驚くべき能力のほんの一部しか理解できていないのである。

「バイオミメティクス（biomimetics）」という用語をご存じだろうか。簡単にいうと、生物のもつさまざまな能力を模倣して、人間に役立つ物づくりに生かすことである。日本語では「生物模倣」などと訳されている［写真4−1］。この用語は、ドイツの神経生理学者、オットー・シュミットが一九五〇年代に提唱したのが最初である。彼はイカの神経系が脳に信号を送る仕組み（例えば、痛いとか辛いとかの刺激を伝える仕組み）を模倣して、信号のノイズを除去できる電気回路を発明した。いまでもICなどに広く使われているという。

[写真4-1]▶バイオミメティクス(生物模倣)に注目が集まる

写真は国立科学博物館(東京・上野公園)で行われた企画展「生き物に学び、くらしに活かす—博物館とバイオミメティクス」(2010年4月19日～6月12日)より。会期中には、昆虫、鳥の動きや色、海洋生物とバイオミメティクスについての講演会も催された。画像提供=国立科学博物館

ミメティクスの語源はミミクリーで、真似るという意味である。日本では「猿まね」で代表されるように、あまりいい意味で使われないことが多い。だが、読み進めばわかるように、バイオミメティクスはそのような表面的な模倣ではなく、先端技術を駆使して解明されたメカニズムを利用したもので、地に足の着いた模倣である。

マジックテープも模倣の産物

私たちに最もなじみの深いバイオミメティクスは、よくごぞんじのマジックテープであろう。面ファスナーともベルクロとも呼ばれている。財布やジャケットなどによく使われていて、チャックやボタンに比べてとても簡単に留められる。これは、一九四〇年代にジョルジュ・デ・メストラルという狩猟好きのスイス人が、ゴボウの実をヒントに開発した［図・写真4-2］。ゴボウは食卓には馴染み深いが、日本では自生していないのであまりピンとこないだろう。アザミに似た花を咲かせるキク科の植物であるが、じつは私も見たことがない。その実はイガイガそのもので、一本一本の突起に小さなフックがついて衣服や動物の毛にまとわりつく。最近では「ひっつき虫」と呼ばれている種々の植物の実、例えばセンダングサやオナモミなどによく似ている。年代的にはシュミットの電気回路よりも古いので、実質的なバイオミメティクスの元祖といえるかもしれない。

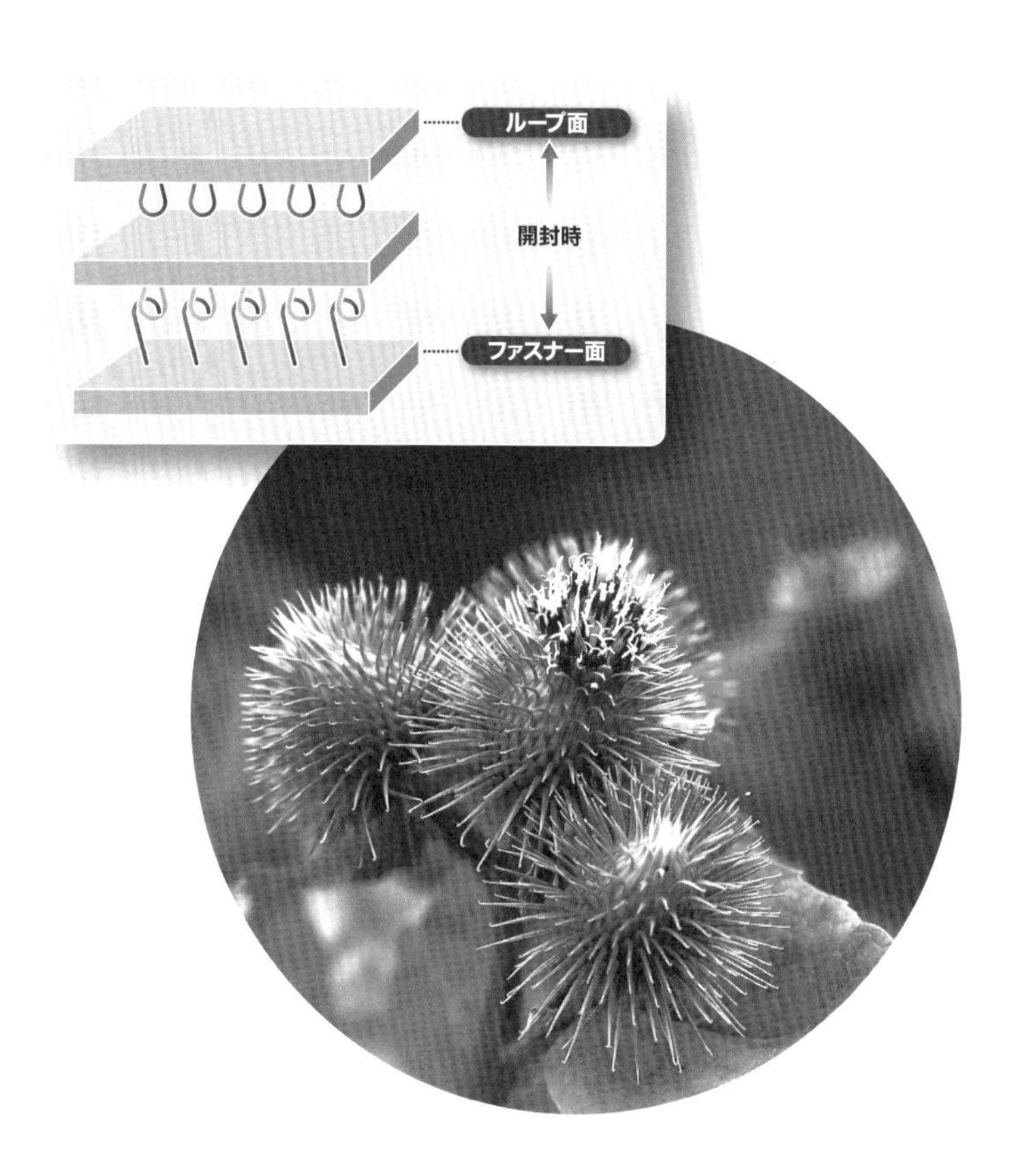

[図・写真4-2]▶マジックテープの拡大とゴボウの実
マジックテープ（株式会社クラレの登録商標）とは、いわゆる面ファスナーのこと。ループ（上）面とカギ状のフック面の2枚一組で使う。ゴボウの実、すなわちバイオミメティクスの元祖である。

ナノテクノロジーが明かす

バイオミメティクスはその後、人工酵素や生体膜の開発などに貢献したが、大ブレークしたのは一九九〇年代後半からである。それは、おもにナノテクノロジーと呼ばれる新技術によって、千分の一ミリ（一マイクロ）から一万分の一ミリ（一〇〇ナノ）というミクロの世界を電子顕微鏡で容易に覗けるようになったことによる。私が若いころは、電子顕微鏡の操作は煩雑で専門の技師がついてくれないと扱えなかったが、いまでは走査電子顕微鏡の性能の向上で、半ば素人でも割合簡単に扱える。

生物の体表面をミクロなスケールで観察した結果、マイクロからナノにいたる領域で、さまざまな「階層構造」が見つかった。階層構造とは、たとえば細い一本の毛を拡大すると、さらに細い毛の集まりからできていたとか、細かな溝を拡大すると、さらに細かな溝の集合でできていたという「入れ子構造」のことである。この階層構造が、私たちが想像もしなかった機能、すなわち能力を生物に与えていたのである。そこで、つぎはナノテクノロジーが解き明かした驚異の生物の機能とその活用例をいくつか紹介しよう。

ヤモリの足がもつ力

関東以西に住む人たちなら、夜になると窓や壁にヤモリがへばり付いている姿を見たことがあ

［写真4-3］▶くもりガラスの垂直面を滑るように動くヤモリのシルエット

るだろう[写真4-3]。沖縄まで行けばその数は桁違いに多くなり、街燈の脇にある窓や外壁に数十匹ものヤモリが群がって餌の虫を狙っていることもある。ヤモリの足をよく見ると指先が丸く膨らんでいるので、以前はカエルやタコと同じように吸盤で引っ付いていると考えられていた。だが実際に電子顕微鏡でヤモリの足の裏を観察すると吸盤はなかった。その代わり、多数の剛毛が生えていて、その剛毛自体も無数の枝分かれした微小な毛で構成されていたのである[写真4-4]。では、この微小な毛の集団からなるヤモリの足の裏が、どうやって垂直なガラス窓にひっつくことができるのだろうか。その秘密は、ファンデルワールス力という微小な分子と分子が引き合う力、すなわち分子間力に由来する。少し難しいが、その仕組みを簡単に説明しよう。

ガラス窓の表面は一見ツルツルで完全な平面にみえるが、実は無数のミクロな凹凸がある。むろん、白壁はもっと凹凸があるだろう。そこにミクロの毛の集まったヤモリの足がつけば、無数の凹と凸がかみ合うことになる。その接地面の間でファンデルワールス力が働くのである。個々の分子間で働くファンデルワールス力は非常に弱い。だが、凹凸が広い範囲でかみ合うと相当な力になる。ヤモリの足裏ほどの面積があれば、自分の体重の数十倍もの重さを支えることができる。はがき一枚サイズのヤモリの足ができれば、軽自動車一台を天井から吊るせる強度になるらしい。

◀ヤモリの足

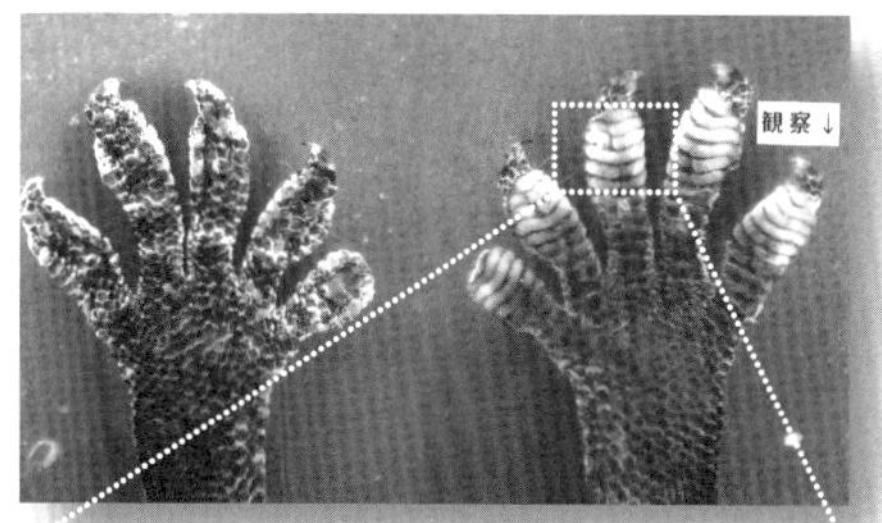

デジタルマイクロスコープ像
倍率　×12
右が内側

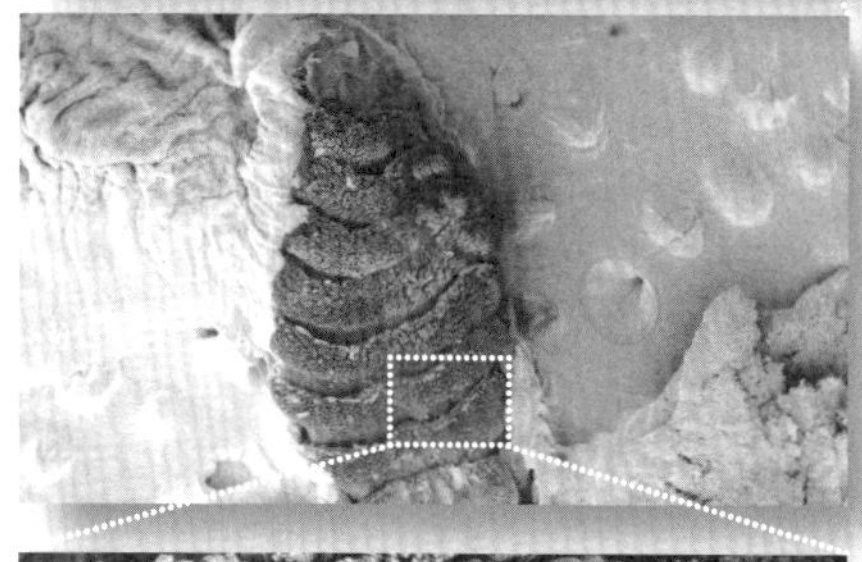

SEM像
倍率　×45

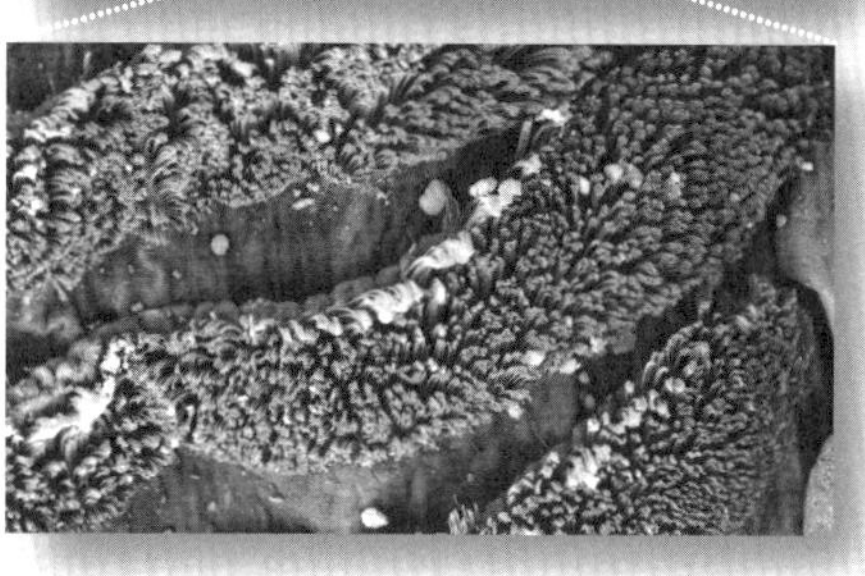

SEM像
倍率　×250

［写真4−4］▶ヤモリの足とその裏の微細な観察像

秘密は足の裏の趾下薄板（しかはくばん）という器官にある。趾下薄板の表面は、マイクロメートル（1000分の1ミリ）サイズの剛毛に覆われている。それらの剛毛は、さらに細いナノメートル（マイクロメートルの1000分の1）サイズの毛の集合によってできている。この細い毛が、壁の表面の凸凹に合わさり、そこに「ファンデルワールス力」が働く。ヤモリの足のデジタルマイクロスコープ像の写真提供は日東電工株式会社

だが、少し奇妙な感じがしないだろうか。ガラスとの接地面積を大きくするだけで大きな接着力が生まれるのなら、人間が手のひらを窓に押し付けても同様な力が発生してもよさそうなものだ。だがよく考えると、人間の手のひらはガラスの凹凸よりもはるかに大きなスケールで波打っている。だから、いくら無理やり押し付けたところで、所詮ヤモリの足の微細な毛のように窓の凹凸とかみ合うはずがない。つまり、人間の手のひらの単位面積当たりの接地面積は、ヤモリの足の接地面積よりも比較にならないほど小さいのだ。

理想の接着方法

物理的にみると、ファンデルワールス力は分子と分子の間の距離の六乗に反比例する。距離を半分にすれば、力は六四倍（二の六乗倍）になる計算だ。だから、足の毛が窓の凹みとナノレベルで「接近」すれば、誘引しあう力は劇的に強くなるわけだ。注意してほしいのは、凸凹がかみ合って接着力が生じるのは、凸が凹に引っ掛かることで発生する力、つまり摩擦力とはまったく別物である点だ。摩擦は単に重力に対する反作用（応力）の一種である。ファンデルワールス力は、それよりもはるかにミクロなスケールで起きている引力である。

ヤモリの足の接着がすごい点はまだある。私たちに馴染みの接着剤は、使用後に接着を剥がすのにたいへん苦労する。だが、ヤモリは剛毛の角度を変えることで、いとも簡単に接着面か

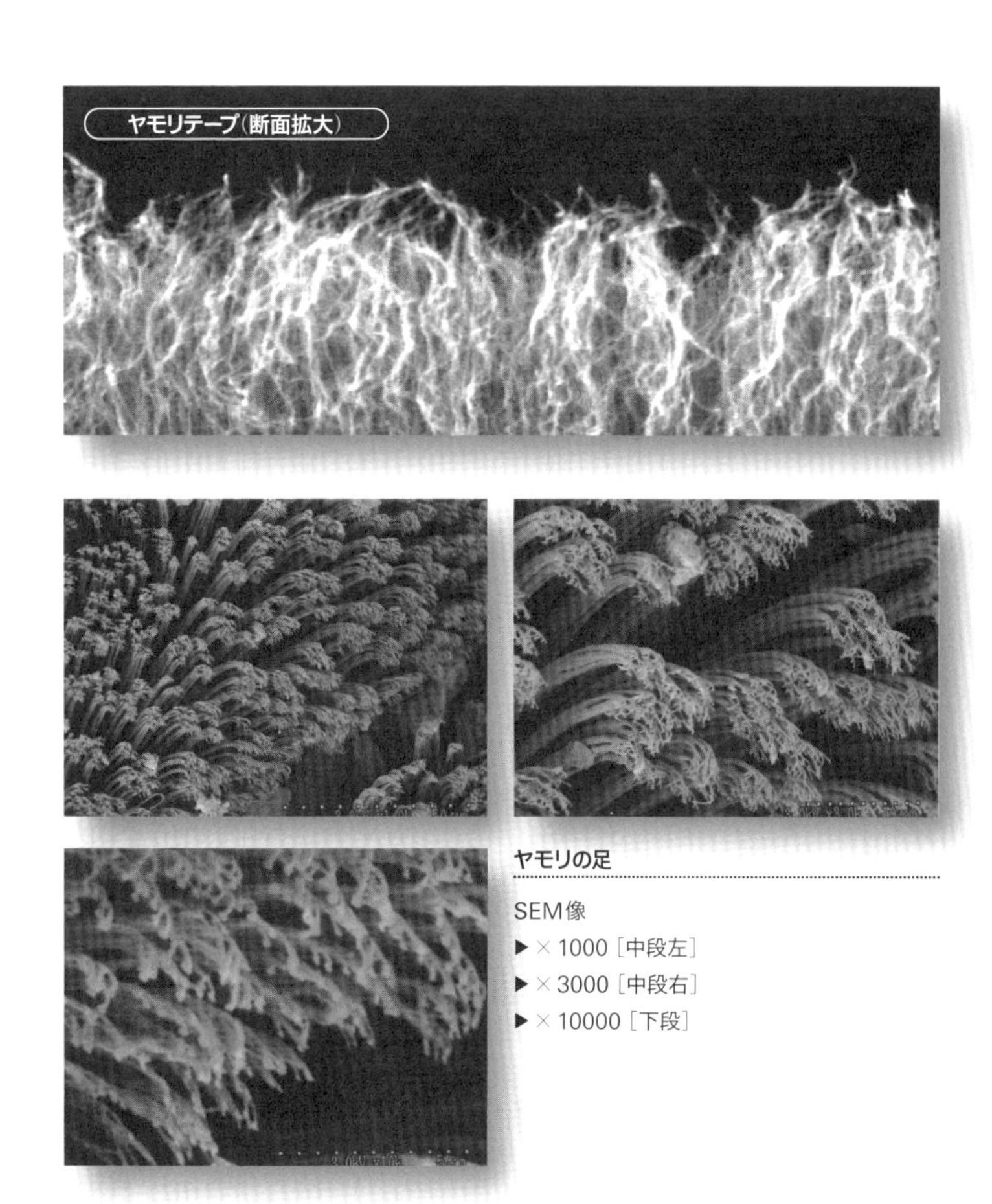

［写真4−5］▶粘着技術の革新「ヤモリテープ」を製品化へ
天井や壁面にひっつきながらも滑るように移動するヤモリ。この機能を粘着テープに求めるなら、「貼るときは強く、剥がすときは弱い接着力を持つ」「分子レベルで接着面に残渣がない」「どの素材にも貼りつく」という究極の接着剤が必要となる。行き着いたのがバイオミメティクス、ヤモリの足の接着力だった。CNT（カーボンナノチューブ）でヤモリの足裏の模倣構造を作製すると、高い接着力があることがわかり、画期的な粘着テープの製品化に至っている。写真提供＝日東電工株式会社

ら足を離すことができる。個々の剛毛に働くファンデルワールス力は弱いので、ヤモリにとっては容易なことなのだろう。さらに、普通の接着剤は一度使用すると再利用できないが、ヤモリの接着はいくらでも繰り返し利用できる。まさに理想の接着方法である。こうした特性を生かして、ヤモリテープが開発されている［写真4−5］。ただ、生産にコストがかかるため、一般向けには市販されていないようだ。近い将来、さらに技術が進めば、スパイダーマンのようにビルの壁を自在に歩けるようになる日が来るかもしれない。

ところで、ヤモリの足のような接着の仕組みを使っている小動物は他にも多数いるようだ。屋内の壁や窓を徘徊しているハエトリグモも足に多数の微小な毛があって、ファンデルワールス力で落下しない。その餌でもあるハエ自身も同じらしい。では、なぜヤモリが特別に注目されたかよくわからないが、クモやハエよりもはるかにサイズが大きかったので、その接着力に関心が集まったのだと思う。

ロータス効果を雨具に

七夕の朝に早起きして、サトイモの葉にたまった露を集め、それで墨をすって短冊に願い事を書く、そんな話を聞いたことのある人もいるだろう。ずいぶんと風流なことだが、子供のころに庭にサトイモがあって自分も真似した記憶がある。また、葉っぱの上で露がコロコロ廻る様

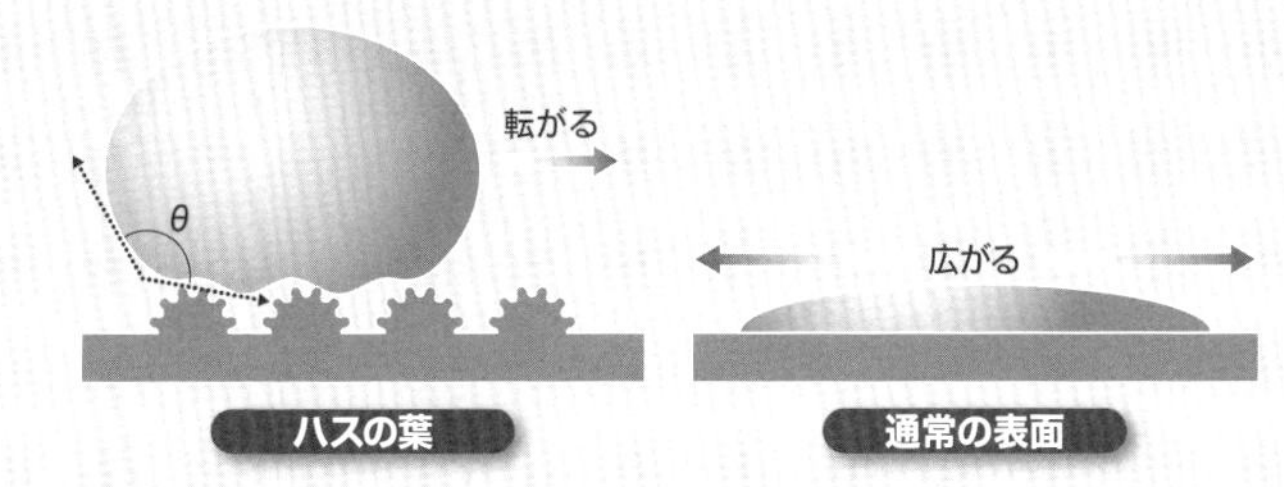

［写真・図4－6］▶ハスの葉の超撥水（ロータス効果）
左図のθの角度が150度以上の場合を超撥水という。右図は通常の葉や生地の表面。上の写真は東京大学弥生キャンパスにて著者が撮影。

子が面白く、葉を揺らして露を外に放り出して遊んだりもした。実はこの露、大気中の水分が結露したものではなく、根から吸い上げた余分な水が葉から染み出した溢泌液（いっぴつえき）であることを知る人は少ない。私も二十歳を少し過ぎたころ、二歳年下の付き合い始めたばかりの女性（のちの妻）に教えてもらった。いま、彼女は一介の主婦であるが、大学では生物学を専攻していて、習ったばかりの知識を教えてくれたのだ。

池でピンクの花を咲かせるハスの葉でも同じ現象が知られている。そしてこの光景こそ、後にロータス効果と呼ばれる画期的な超撥水機能ないしは自己洗浄機構を私たちに想起させてくれたのである［写真・図4―6］。ちなみにロータスはハスの英名である。

ハスの葉は一見ツルツルしているが、ナノテク技術で覗くと無数の乳頭状の突起がついている。この突起の大きさは細胞一個よりも小さいので、サブセルラー・サイズともよばれる。この突起には疎水性のワックス成分があって、水滴が葉と接する面積を小さくしている。もし葉の表面に突起がなく平面だと水滴は横広になり、傾けると形が崩れてしまう。だが多数の突起があると表面と水滴のなす角度（接触角）が非常に大きくなり、葉上で水滴が球形に近くなる。こうなれば葉が傾いても転げ回るだけである。水滴の接触角が一五〇度以上になる現象を超撥水という。

図からわかるように、超撥水で水滴が持ち上がっている様子は、運動会の「大玉ころがし」

に似ている。子供たちの腕が「突起」になって、持ち上げた巨大な張子の玉を順繰りに送っていく様子である。もっとも、いまの「大玉ころがし」は地面で玉を転がすことが多いので、イメージのわかない人も多いかもしれない。

ロータス効果はすでに雨具などに商品化されている。レクタスという超撥水の生地をつかった傘やレインコートは高機能の雨具である。撥水性が高いだけでなく、微小な突起の間に空気層ができるので、湿気が通って蒸れ防止の効果もある。

カタツムリの殻の洗浄力

貝やカタツムリの殻は、おもに石灰質のアラゴナイトと硬いタンパク質でできている。アフゴナイトは炭酸カルシウムの一種であり、霰石（あられ石）としても知られている。その多くは地下深くの高温高圧の条件下で作られる。ところがカタツムリは常温でいとも簡単にアラゴナイトを自家生産している。これはすごい能力だが、仕組みはまだ完全にはわかっていないらしい。

そしてカタツムリの殻自身にも驚くべき能力がある。泥や油の汚れがついても、少量の水で簡単に流れてしまうのだ。これは「自己洗浄」とよばれている機能である。つまりハスの葉が水をはじくのに対し、殻は油をはじいているのだ。その仕組みにも表面の微細構造が関与している。例によってナノテクを使って調べると、殻表面には無数のしわがさまざまな間隔で刻まれている。もともと殻のタンパク質が親水性であるうえに、細かな凹凸が無数にあるため、表面に水がつきやすい構造になっている。だから、汚れがついても表面と汚れの間に水が入りやすく、水が汚れを浮かせて流し去ってしまう。

カタツムリの殻の微細構造はタイルなどの素材に応用され、外壁やトイレ、キッチンなどで利用されている。新素材を用いることで、洗浄のための水の量は約半減、洗剤にいたっては七割も削減できるという。また、抗菌剤を表面に塗布すれば、衛生環境の維持にも役立つに違いない。さらに、新素材の効果は費用や労力の節減にとどまらない。よく知られているように、家庭や企業などで使われた洗剤は下水を通して環境汚染をもたらす。

近年は浄化設備が充実したとはいえ、その影響は依然として重大である。二〇年ほど前から石油に由来する合成洗剤の代わりに、環境への負荷が比較的低いヤシの実洗剤がもてはやされてきた。だが、原料であるオイルパーム（アブラヤシ）は、東南アジアなどの熱帯諸国の森林を伐採して作られている。いまでは農地の拡大とともに、熱帯林の急速な減少の主要因となっている。だから、自己洗浄機能をもった新素材を作ることは、生態系にやさしい技術開発でもある。

サメ肌水着で加速

二〇〇〇年に行われたシドニーオリンピックの水泳競技では、日本のミズノとイギリスのスピード社が共同開発した「ファーストスキン」、通称「サメ肌水着」が話題になった。メダルを取った選手の多くがこの新型水着を着用していたからである。

サメの体表は微小な突起で覆われていて、突起には小さな溝が刻まれている。遊泳時には、この溝の中で小さな渦が生じ、それが体の推進時に生じる水流の乱れを緩和して摩擦抵抗を減らし、高速で泳ぐことを可能にしている。溝や凹凸があればかえって抵抗が大きくなる気もするが、実際はその反対である。体表の小さな渦が歯車のようになって、周囲の水を速やかに後方に流す役割をしているのである。「大玉ころがし」の原理と基本は同じである。

この表面構造をまねたのがサメ肌水着である。サメ肌はざらついた肌の代名詞で悪いイメージだったが、機能的には実はその逆である。極薄の生地に微小な溝を一ミリ間隔で刻んでサメ肌水着をつくった。これを改良したものがレーザーレーサーで北京オリンピックでは多数の世界記録を産み出したが、その後これらの加工を施した水着は禁止になっている。

クモの糸の活用

クモの糸は、人間が創りだした合成繊維も含め、地球上で最も衝撃に強い素材である。体積あたりで比べると、鉄の三〇〇倍、ナイロンや絹糸の五倍ほどもある。

この優れた性能に目をつけて、バイオテクノロジーを使ってクモの糸でできた防弾チョッキを作ろうとしたのがアメリカ国防省である。私はクモの研究をしていた関係で、一九九〇年頃にこの記事を海外向けの新聞のコラムで目にしたのを覚えている。その後、ポール・ヒルヤードが書いたクモの本"*The book of the Spider*"を翻訳(『クモ・ウォッチング』平凡社)したときにもこの内容があった。だが、クモ糸の量産に成功したという話はついぞ聞かなかったので、立ち消えになったと思っていた。その開発を実現したのが日本のスパイバー(現・Spiber)社である。二〇一二年に山形県で開かれた日本蜘蛛学会で、社長(現・代表執行役)の関山秀和さんからベンチャーの立ち上げの経緯と最新の製品開発の話を聴いたときは衝撃的であった。

微生物の遺伝子を操作して糸のタンパク質を造るだけなら、技術としては従来のバイオテクノロジーと変わらない。だが、それをもとにジャケットなどの衣類はもちろん、人工血管や自動車のバンパー、タイヤにまで活用しようとしている。またクモの遺伝子を参考に、新しい遺伝子をデザインしてクモ糸を越える優れた素材の開発に挑んでいるのだから、これは十分にバイオミメティクスである。さらに重要なのは、再生可能な植物由来の「糖」を餌にして、微生物の発酵作用で糸のタンパク質を造っていることだ。

枯渇資源である石油を使わないので、二酸化炭素を新たに排出することもなく、カーボンニュートラルである。クモの糸や網の不思議に魅了され、大学での研究を始めた私にとって、クモが表舞台に出てきたことはなんとも誇らしい気分がする。

クモの糸の粘球

クモの糸はあらゆる繊維のなかで最強であるが、これはクモが歩きながら出す「しおり糸」、あるいは円網のなかで放射状にひかれた「縦糸」の性質である。だがクモは他の種類の糸も出す。「横糸」はその代表で、円網のなかで螺旋状にぐるぐる廻ってひかれている。横糸には球形の「粘球」がビーズのように並んでいて、そのネバネバは餌を捕捉するのに役立つが、ごく最近、糸の張力を保つ働きもあることがわかった。

粘球は水分や糖タンパク質を多く含んだ物質でできている。糸が引き伸ばされると多数の小さな球に分かれ、収縮すると少数の大きな球に集約される。面白いことに、糸の両端から縮む方向に徐々に力を加えると、大きくなった粘球の中に横糸がクルクルと畳み込まれていく［図4－7］。だから、糸はだらしなくたわむことなく、ピンと伸びたままの状態でいる。もちろん、普通の繊維や縫い糸ではそうはならない。これは、風が吹いたりする野外でも、網が一定の形を保ち、糸が絡み合わない仕組みに違いない。

さらに驚くべきことに、ピンと張られた人工繊維のうえに油滴を垂らすだけで、クモの横糸と同じ性質、つまり縮むと油滴の中に繊維が畳み込まれ、繊維がたわまない性質が人工的に造りだされる。もちろん、油滴の成分や繊維の性質で違いはあるだろうが、これほど簡単な技術で横糸の画期的な性質が造りだされるとは恐れ入る。この仕組みは、人工筋肉や最先端のエレクトロニクスへの応用が期待されている。人工筋肉は、人間の張りのある皮膚や臓器、血管の作成、そしてロボットにも活用できるだろう。エレクトロニクスでは、折り曲げ可能な電子回路の開発がホットらしい。パソコンもスマホも、電化製品も、そのうちグニャグニャして、落としても丸めてもOKなものができそうだ。大変便利になるが、これが人工知能と結びついたら、子供の間で一時流行ったスライムのような気持ち悪い人工生命体ができそうで、ちょっと怖い。

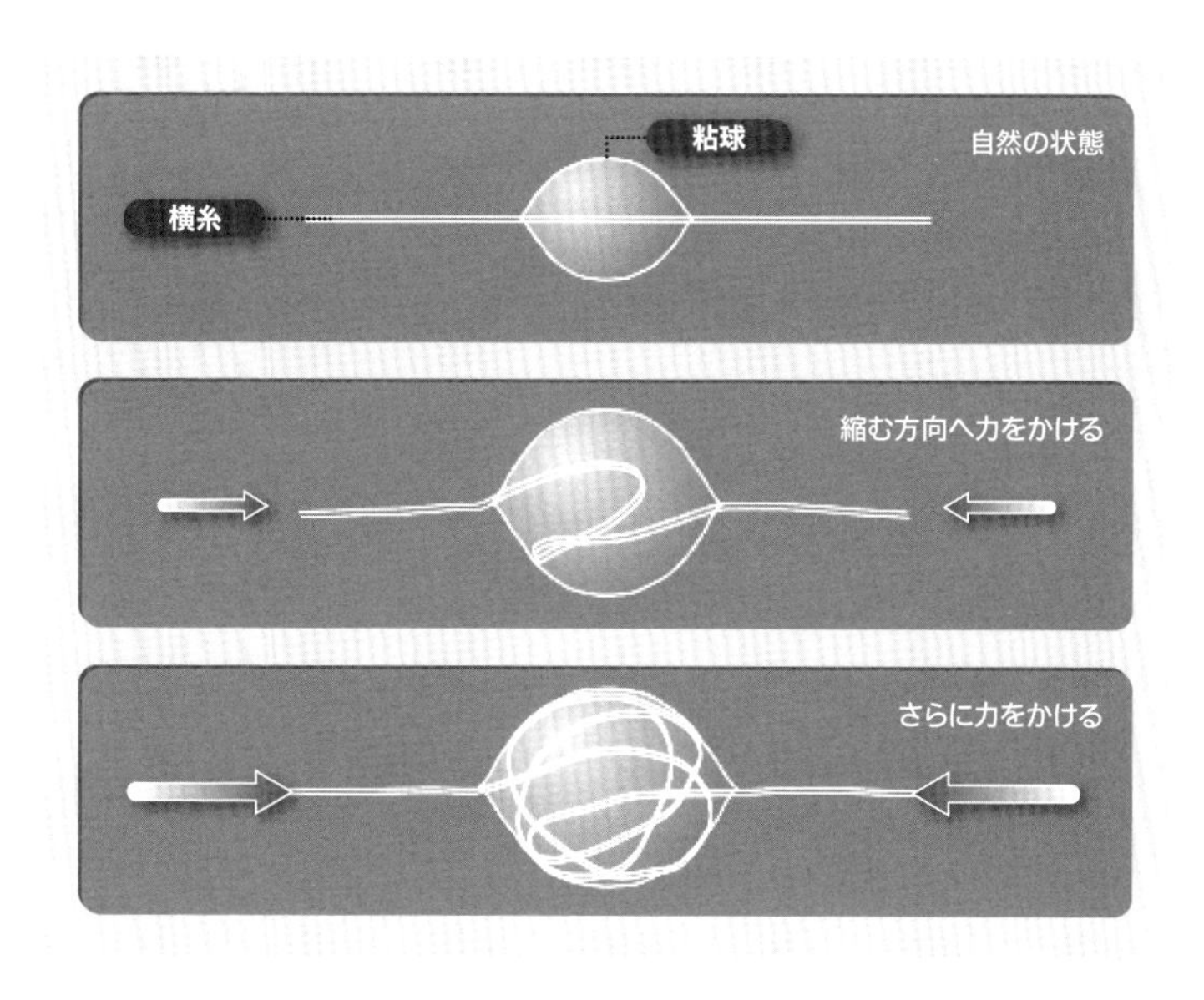

［図4−7］▶クモの横糸の収縮と、粘球への糸の畳み込み
両側から力をかけても糸が粘球に畳み込まれるため、糸はたわまない。実際の横糸は数本の繊維からなっている。

生物から学ぶ無限の可能性

生き物はすごい！

ヤモリの足の裏、ハスの葉、カタツムリの殻、そしてサメの皮膚、どれもナノテクから覗くと驚異の秘密が隠されていた。しかも、マイクロからナノにいたるさまざまな階層で、毛や突起、溝などの構造があるという共通性があった。人間目線では推し量ることのできなかった生物の機能であり、今後も生物から学ぶことが膨大にあるに違いない。こうした「学び」は、バイオミメティクス的には、人間生活や社会への活用を目指しているわけだが、生物学者にとっては生物をより深く理解することにつながる。特に、環境への適応の仕組みが、私たちの想像以上に多様かつ精巧であることを教えてくれる。これは、工学など異分野との連携から得られた成果であり、旧来型の生物学のお作法だけからでは到達し得ないものである。そうした学びを面白いと思うのは、生物学者だけではないはずだ。

最近、丸山宗利『昆虫はすごい』（光文社）とか田中修『植物はすごい』（中公新書）といった本が出て、相当売れているようだ。人間顔負けの「生き残り術」に多くの人が魅了されるからであろう。その意味で、バイオミメティクスがもたらす知見は、一般人に「生き物はすごい」と思わせるに十分のインパクトがあり、生物の価値を認識させるビッグチャンスとなるだろう。

ベンチャー企業に期待

ところで、いままで生態系サービスの文脈からバイオミメティクスが語られることはなかった。バイオミメティクスはいわば工学であり、自然の日々の営みから引き出される恩恵ではないことが一因かもしれない。つまり、植物が日々二酸化炭素を吸収したり、私たちの食糧を生産したりするのとは違う。だが、多種多様な生物が私たちに新たなアイディアを提供してくれるという点では、生物多様性のご利益そのものである。またよく考えると、生態系サービスに含められている「遺伝子資源」と本質的な違いはないことがわかる。

遺伝子資源の代表格としては、本書の冒頭で紹介している新薬の発見がよく引き合いに出される。だが、微生物から難病を治療する新薬を開発することは工学的な手法によるものであり、微生物が自然界で日夜新薬を作り続け、それを人間が利用しているわけではない。また、バイオミメティクスは、生態系サービスの重要な特徴である持続可能性の観点からも問題なさそうである。

バイオミメティクスはすでに述べたとおり、化石燃料からの脱却を目的とした技術でもあるので、この点でも生態系サービスと不整合はない。生態系サービスとして認知されていないのは、まだ新たな技術開発の段階にあるものが多く、一般人はもとより、専門家の間でも認知度が低いだけかもしれない。

私たちにとって喜ばしいのは、日本の若い研究者が立ち上げたベンチャー企業がこうした開発で世界をリードしていることである［写真4－8］。数年前に鶴岡のスパイバー（現・Spiber）社を訪れたときに、社員の平均年齢が三〇歳ほどと聞いて本当に驚いた。設備の充実ぶりもさることながら、開放的で活気に満ち溢れた職場を見て、日本の未来に希望がもてる思いがした。

異分野融合型の研究

バイオミメティクスの最大の特徴は、生物が日常的に常温常圧の状態で行っているものづくりを科学的に模倣し活用することにある。これは、化石燃料や鉱物資源を利用した従来型のものづくりとは根本的に異なる「持続可能な体系」といえる。その意味で、バイオミメティクスも広い意味で自然の恵みの活用であり、生物多様性のご利益と見なすことができる。その発展には、生物学や工学、医学といったこれまでの学問領域をはるかに超えた異分野融合型の研究が必須であることは、すでに感じ取っていただけたと思う。私がもし生まれ変わることができたら、この魅力ある研究分野にチャレンジしてみたいものだ。

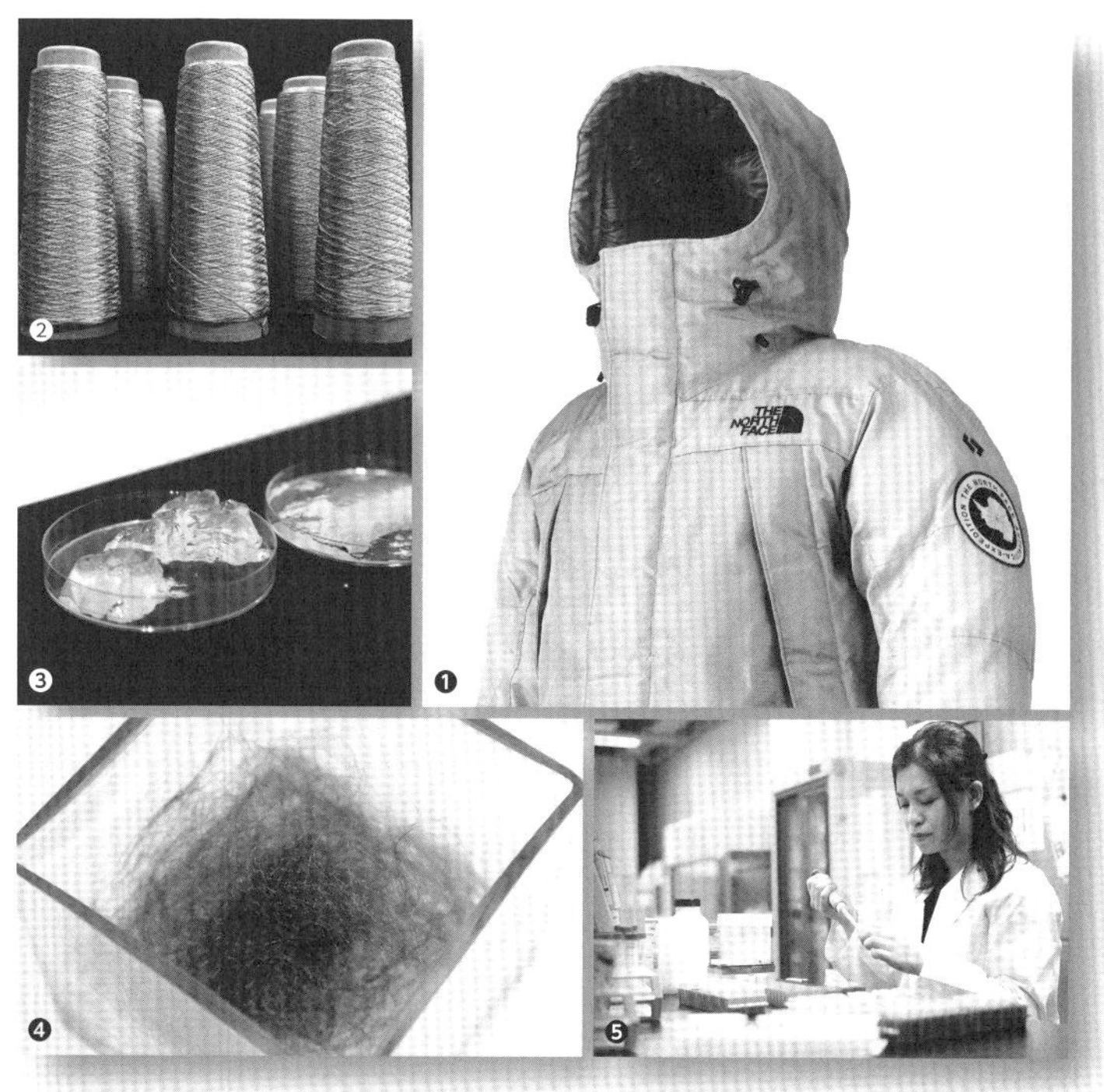

❶MOONPARKA　　　　　　　　　　　　　　　©Spiber
❷MOONPARKA　生地用の糸
❸QMONOS™ゲル
❹QMONOS™ブルードレス用染色糸
❺遺伝子合成実験に取り組む

［写真4-8］▶自然の恵みを活用するベンチャー企業Spiber社の製品開発
2007年設立のSpiber株式会社は山形県鶴岡市を拠点に、クモ糸の研究から、金属やガラス、ナイロンやポリエステルなどに代わる新世代バイオ素材の開発に取り組む。2013年5月には、世界で初めて人工合成クモ糸の量産化に成功していることを発表した。

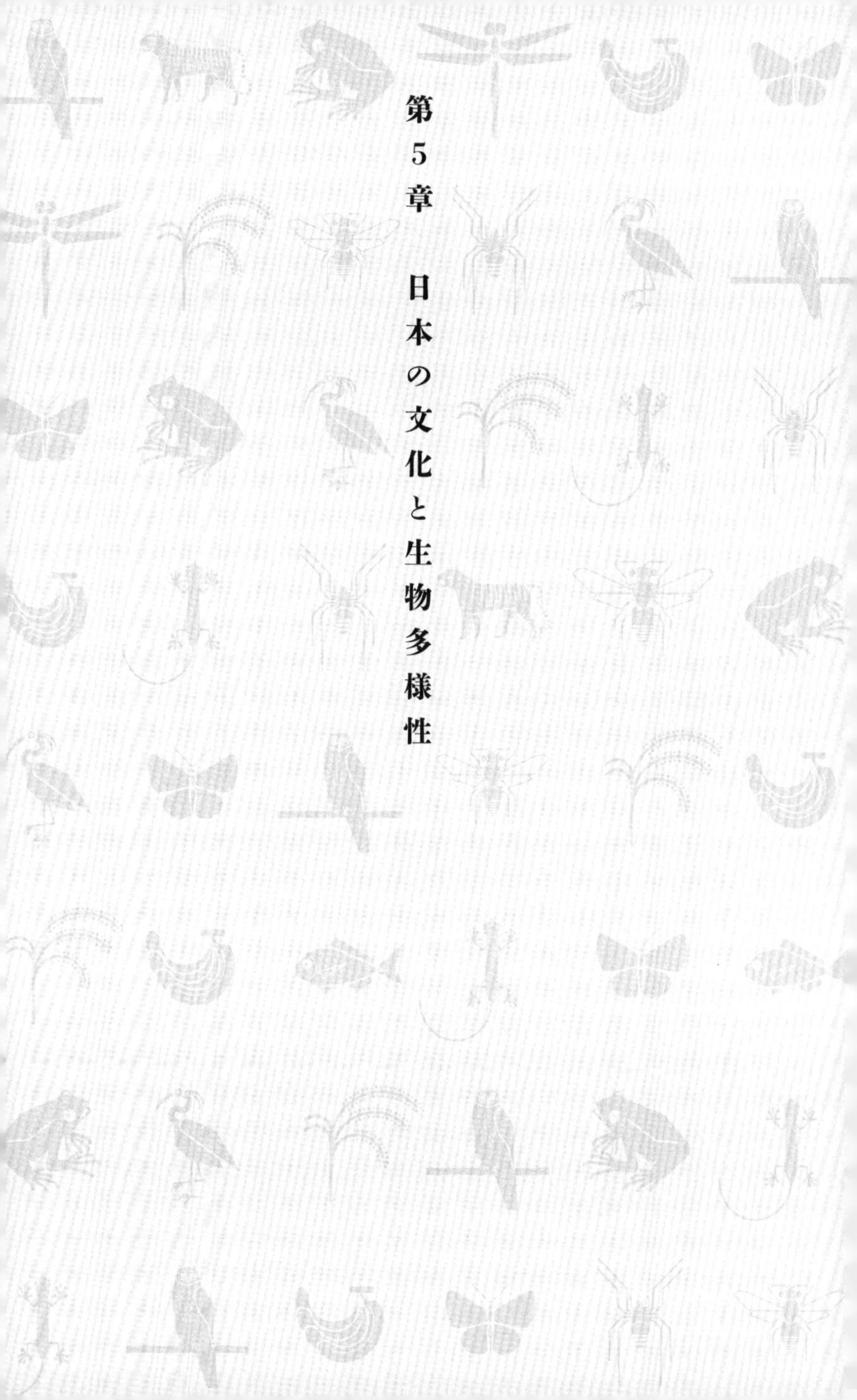

第5章　日本の文化と生物多様性

気候、地形がもたらすもの

日本人の自然観とは……

ここまでは、身近な食や医療、健康、住環境などと生物多様性の関わりについて、いろいろな観点から話をしてきた。だが、生物多様性は私たちのもっと奥深いところで繋がっている。それは、長い年月を経て脈々と受け継がれてきた「文化」であり「心」である。

哲学者の和辻哲郎（一八八九―一九六〇）によれば、ある国の文化は究極的に気候や地形が規定すると述べている。気候や地形に起因する自然環境が人々の生活を制約する一方で、それを克服するための知恵や技術を発達させ、最終的に地域の文化や宗教を形成するというものである。また科学者であり文学者でもあった寺田寅彦（一八七八―一九三五）も、日本人の自然観は特有な気象と地形条件に起因すると述べている。寺田は自身の専門である地球物理学の視点を生かし、当時としては最先端の論を展開している。

この二人の文化人が活躍した時代は、二〇世紀前半のいわば日本の帝国主義の全盛期であった。当時の世相を反映してか、彼らの論にはやや民族主義的な匂いがするものの、その緻密な分析や洞察にはかなり説得力がある。現代の里山論や自然共生論の源流を読み解くことができるばかりか、むしろそれ以上に深い洞察が見受けられる。ここでは、これら先人たちの地域文化論を振り返ったうえで、日本の伝統的な文芸のなかに登場する生物を吟味し、生物多様性が日本の文化の形成に果たしてきた役割を考えてみよう。

「湿潤」な風土

日本は季節の移り変わりが明確で、そのメリハリと島国という特徴が相まって、独自の生活様式や感性豊かな文化が発達したといわれている。だが、よく考えると四季は温帯であればどこにもあるし、島も世界中のあちこちに存在する。だから上記の説明を無批判に信じるのはよくない。世界の他の地域との違いを少し慎重に吟味する必要がある。

熱帯や砂漠で季節感が乏しいのは当然として、ヨーロッパや中国などの東アジアには豊かな四季がある。だが、四季の中身を詳しくみると相当な違いがある。和辻は、日本の気候の特徴を多様な形態での「湿潤」に求めている。夏の湿潤の代表は梅雨と台風である。両者は少なくともヨーロッパにはない。湿潤は稲作には向いているが、反面雑草の繁茂が旺盛である。雑草の抜き取りは田植え後に四、五回行う必要があり、農家にとっては夏の暑い時期の重労働だった。気候が乾いているヨーロッパでは、こんな重労働は必要ないらしい。ヨーロッパでは台風もないので、日本では良くも悪くも人々が体感する季節感は強調されるに違いない。

さらに冬の大雪も湿潤に含まれる。大雪は一見マイナスイメージだが、春から夏にかけて水田に豊富な水が保障されるので、秋に実りをもたらす吉兆とみなされていた。中国には梅雨も台風も大雪もあるが、日本のように狭い範囲にすべてが揃う場所は限られている。また、中国は大陸であり、内陸に乾燥地帯があるので湿潤の程度は日本ほど高くならない。日本は海に囲まれ、しかも南に黒潮、北に対馬暖流という暖かい海流が流れている。だから夏の太平洋からの季節風はもとより、冬の大陸からの季節風も湿度を大量に含み、多くの降水と降雪による湿潤な環境をかたち作っている。

ケッペンの気候区分でいう温暖湿潤気候には、日本以外にも中国南部、合衆国東部、アルゼンチン、オーストラリア東部が含まれるが、いずれも大陸の東端に位置し、北西方向には広大な乾燥した台地が広がっている。だから、台風、梅雨、大雪のセットが狭い国土に共存していることは、日本の自然環境の特徴と言える。

起伏に富む地形

気候と並んで重要なのは地形である。日本列島は四つの巨大プレートがぶつかり合って形成されている。だから起伏に富んだ地形が形成され、火山や地震も多い。標高の幅（高低差）ができ

［写真5-1］▶日本の原風景が残る「下栗の里」
南アルプスを望む長野県飯田市上村、傾斜30度余の山腹を切り開いた「下栗の里」は、古くから自然の恵みを求めて人々がくらしてきた場所。「日本のチロル」とも呼ばれる。近隣で縄文時代の土器が出土するなど、日本の原風景が残る地である。イモ類、雑穀類（ヒエ、ソバ、アワ、キビなど）や豆類、椎茸などの作物が多く収穫される。写真提供＝遠山郷観光協会

れば、狭い範囲に照葉樹林、落葉広葉樹林、亜寒帯針葉樹林、高山帯といった、風景も生物相もまったく違う生態系が標高に沿って形成される。また、高い山が季節風の吹く方向を遮るように並んでいるため、日本海側と太平洋側では雨や雪の量などの気象条件が大きく異なる。さらに、起伏に富んだ地形は、歴史的に人間の交流を困難にしてきた。だから、平坦な地形が広がる大陸と違い、生活習慣や文化も地域ごとに固有なものが生じやすい[写真5—1]。山ひとつ隔てるだけで言葉や食文化が微妙に違うのは、日本では決して珍しくない。地域ごとに鎮守の森ができたのも、地理的な隔離が背景にあったのだろう。

こうした細分化の歴史は、過去の支配者たちの勢力図にも見てとれる。室町時代末期には、各地に有力な戦国大名が割拠していた。中国の春秋戦国時代(約二五〇〇年前)の勢力図と比べればわかるが、日本では狭い範囲で多くの大名がひしめき合っていた。たとえば、富士山を中心に、武田氏、今川氏、北条氏という有力大名がしのぎを削っていたが、それらの本拠地はたかだか六〇キロから七〇キロほどしか離れていなかった。富士山や箱根、丹沢といった峰々が障壁となっていたことは容易に推察できる。逆にいうと、越後(新潟県)から上野(群馬県)へ、上越の山々を越えて勢力を広げた上杉謙信の力はよほど凄かったのだろう。

和辻哲郎、寺田寅彦の考察

以上みてきたように、気象や地形そしてそれらの相互作用により、日本には世界にあまり例を見ない独自の自然、つまり時間的にも空間的にも多様性や異質性の高い自然が形成された。さらに、自然条件の多様性と地形的な制約により、人間の社会や文化にも多様性がもたらされたと考えられる。こうした論考は、すでに八〇年も前に和辻や寺田らによって体系的に論じられている。それは最近あちこちで散見される里山論を先取りしているだけでなく、むしろそれよりも説得力が高いように感じられる。

ところで寺田寅彦は東京大学理学部の教授を務め、エックス線による結晶解析の研究を科学誌「Nature」に載せるなどの業績を残している。後年は東大地震研究所の設立にもかかわり、その方面でも活躍したようだ。一方で、若いころから夏目漱石に師事し、俳人としても知られている。自ら多数の俳句を世に送り出しただけでなく、俳句から日本人の自然観を論じた随筆もある。

物理学と俳句の間に関連を見出すのは難しいが、手法は違うものの、自然を表現するという点では共通している。これはある意味、本書の主眼とよく似ている。生物多様性を身近な生活から丸裸にしようというのだから。そこで、つぎに日本の文芸のなかで生物多様性が果たしてきた役割を考えてみよう。

歳時記にみる生物

中国伝来の日本の七十二候

歳時記には二つの種類がある。一つは日常生活や行事、農事歴などを記したもので、二十四節気と七十二候として広く知られている。もともと中国で造られ、日本に導入された後に改変された。もう一つは俳句歳時記ともよばれる季語を集大成したものである。これは古代の和歌や連歌に端を発し、その後俳諧で発展してきた。俳句歳時記は中国由来の歳時記を参考にしている部分が多い。

中国の歳時記の起源は古く、紀元前二〇〇年から五〇〇年に編纂された「逸周書（いつしゅうしょ）」に原型が記されている。その後、西暦五〇〇年代に中国でまとめられたものが、奈良時代の日本に入ってきたらしい。二十四節気は今日の生活でもたいへん馴染みが深い〔図5−2〕。立春、春分、夏至、立秋、冬至などは、毎年その日になるとテレビでも報じられ、文字どおり季節感の節目として機能している。それぞれの節気を五日間隔で三つに分けたものが「候」である。二四×三で、七十二候となるわけだ。それぞれの候は、気象の動きや生物の振る舞いの様子などから表現さ

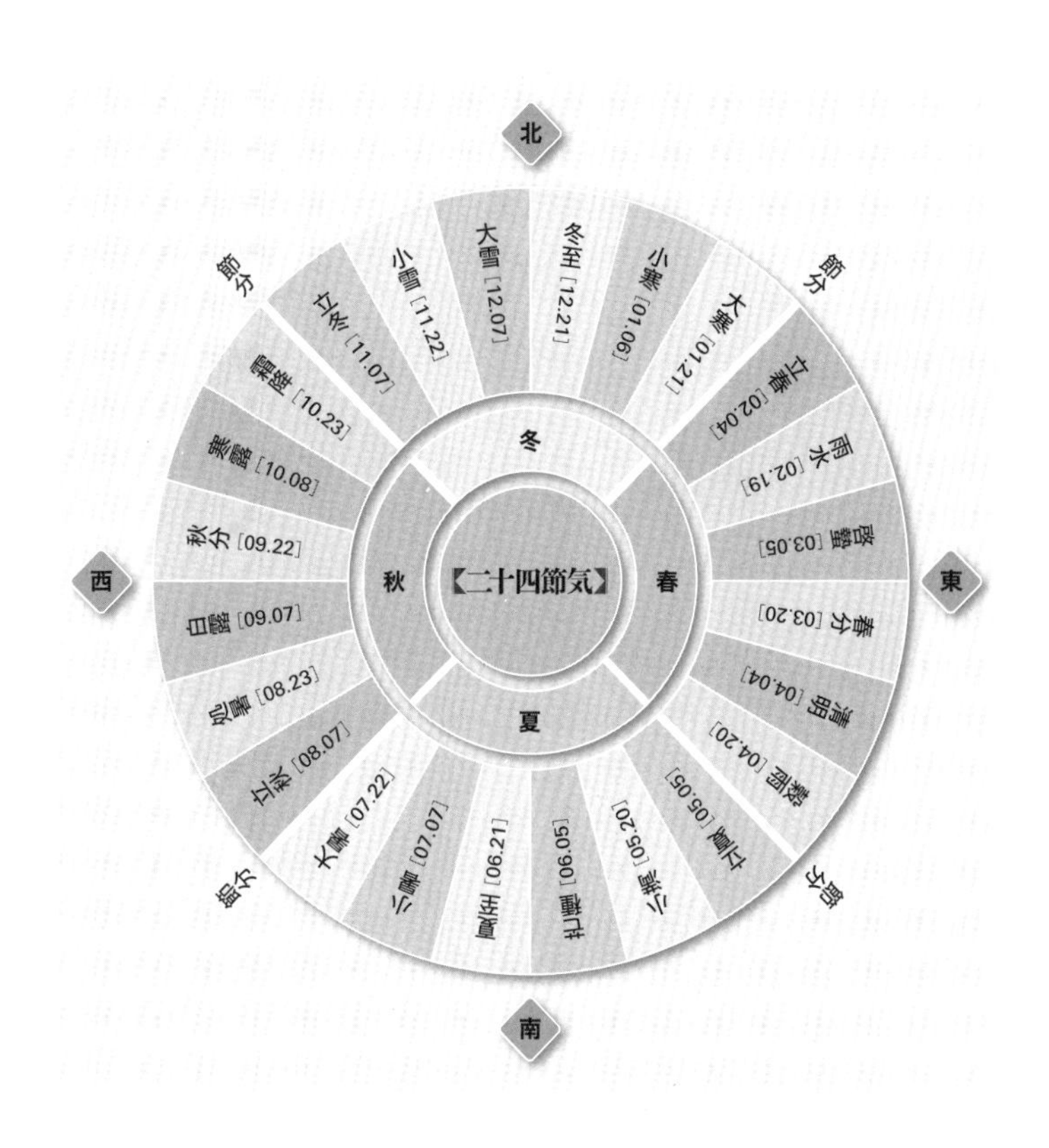

［図5−2］▶二十四節気と月日（日本）

二十四節気（数字は日本の暦の月日：02.04＝2月4日頃）

さらにそれぞれの節気が3分割され七十二候となる。

たとえば「啓蟄」の初候：蟄虫啓戸、次候：桃始笑、末候：菜虫化蝶……と、生き物たちが目をさます時節が、いきいきと語られる。

れている。

よく書物では、中国から伝わった歳時記を日本の気候や風土に合わせて何度も改訂して現在に至っている、という記述が見受けられる。そこで、どの程度改訂されているのか実際に調べてみた。さぞや大改訂されていると思いきや、三分の一の候についてはまったく手つかずのままだった。この数字をどう評価するかは意見が分かれると思うが、少なくとも日本独自の文化と自慢するのは中国に対してやや失礼であろう。

候の中身に目を向けると、日本の七十二候のなかで動物は二六回、植物は二三回、残りは気象である。つまり、三分の二以上で生物が時候の主人公になっている。ツバメやガンなどの鳥の渡り、カマキリやコオロギ（実はキリギリス）の出現、クマの穴ごもり、サケの遡上など、多様な生き物が登場して楽しい。ただ、中国と比較すると生物の登場回数がやや少ない。これは単位面積当たりの生物の種数が、島のほうが大陸より少ないという生態学の法則によるので仕方ない。では、どんな生物が入れ替わっているのか、興味深い例を三つほど紹介しよう。

中国「歳時記」の動物たち

中国の歳時記では、豺（さい）（ヤマイヌ）やトラ、カワウソがでてくる。豺は日本語でヤマイヌと訳されているが、実はオオカミではなく、ドール（別名アカオオカミ）というイヌ科の別種である［写

[写真5−3]▶ドール(学名:*Cuon alpinus*)、アカオオカミとも呼ばれる
シベリアのアルタイ山脈からインドまで広く分布。体長は1メートル前後と大きくはないが、尾がふさふさとして長い。朝夕に群れをなして、シカやイノシシなどの獲物を狙って狩りをする。気が荒くクマやトラを襲うこともあるらしい。写真提供=伊吹京一/PIXTA

真5―3」。私は幼少期から動物図鑑が好きだったのでドールを知っていたが、たいていの人は初耳だろう。少なくとも数年前までは上野動物園でも見ることができた。日本にはドールがいないので、昔の人が無理やりヤマイヌの名をあてたようだ。ちなみに、ドールはオオカミより小型だが気性が荒く、インドでは集団でトラの餌を奪うこともあるらしい。中国では「豺乃祭獣」、つまり「ドールが捕えた獣を並べて食べる」という候（霜降り節気の初候）がある。

「祭り」はもともと「神前で供え物をする」神事だった。だから、この場合は「並べる」という意味が適している。だが、いつのころからか祭りは神輿や獅子舞など娯楽が中心になった。日本では「豺乃祭獣」の代わりに、「霜が降り始める」というややそっけない候になっている。

トラも日本にいないのは常識である。中国では「虎始交」（トラが交尾を始める）が大雪節気の次候になっている。トラの交尾期をいったいどうやって調べたのか、現代の動物学者顔負けである。日本では「虎始交」の代わりに「熊蟄穴」（クマが冬眠のために穴にこもる）になっている。

カワウソ（「獺」と書く）は日本にもいたが、残念ながら最近絶滅してしまった。昔はどこでもたくさんいたらしいので、なぜ日本の歳時記でカワウソが抜けたかわからない。中国歳時記の雨水節気の初候では、「獺祭魚（だっさいぎょ）」となっている。これはカワウソが捕えた魚を岸辺に並べる習性からきている。最近は、「獺祭（だっさい）」といえば山口県の人気の地酒であるが、これは蔵元がある「獺越（おそごえ）」という場所の地名と、歳時記の「獺祭魚」を参考に命名したらしい。

ところで、正岡子規は「狼に寒鮒を獻す獺の衆」という少し滑稽な俳句を残している。カワウソたちがオオカミのためにフナを献上している姿を歌ったものだ。日本ではオオカミが神様の使い(大口の真神)であることからすると絶妙な取り合わせである。ヤマイヌではなくオオカミにしているところが子規の見識の高さを感じる。だが、病気がちの子規がこの光景を実際に見ていたとは考えにくい。おそらく、中国歳時記の「豺乃祭獣」と「獺祭魚」を合体させた、想像上の俳句であろう。

以上のように、中国人は古代から動物たちの行動をつぶさに観察し、季節の移り変わりを感じてきた。その意味で、日本の季節感の土台は中国で造られたと言っても過言ではなさそうだ。ただ、日本は次に説明する季題や季語を発展させ、季節感をさらに繊細な観点から捉え、独自の文化を築いたこともまた事実である。

季語の多くをしめる生物

夏、ホトトギス

俳句は江戸時代にできた文芸であり、そのなかに季語を含むのは通例である。俳句の源流は遠く奈良時代の万葉集にまで遡る。万葉集は全部で四五〇〇首にも及ぶ膨大な数の和歌からなっている。そのなかにはさまざまな生物が詠われていて、なかでも動物は九〇〇首で登場し、種数は百近くに達するらしい。

平安時代になると貴族を中心に和歌が流行り、雪・月・花に代表される季節を表す季題がでそろった。和歌では季節の言葉を詠まなければならないという規則はなかった。鎌倉時代の初期には四季の代表が定まり、春が花、夏がホトトギス、秋が月、冬が雪となった。ホトトギスだけが動物で、しかも特定の種である点が興味深い。中国の故事の影響もあるようだが、その鳴き声はよほど当時の人の心を打ったのだろう。後の明治に正岡子規らが「ホトトギス」という同人誌を作ったのも、その影響があったに違いない。

［写真5−4］▶「春は桜」愛でる喜び、散りゆくはかなさ…

写真は福島県の「三春の滝桜」として有名なシダレザクラ。推定樹齢800年、根元には祠（ほこら）が祭られている。三春町は、かつて会津領となったこともある旧城下町。春の訪れとともに、梅・桜・桃の花が連なって咲くことから「三春」と呼ばれるようになったと語り継がれている。

春は桜、喜びもはかなさも

室町時代になると連歌が完成した。連歌は文字どおり、複数の人が連作形式で作った詩であり、和歌と違って季節の言葉が必須だったらしい。俳句が登場したのは江戸時代である。私のような素人は、松尾芭蕉や小林一茶、そして赤穂浪士の大高源吾の師匠であった宝井其角くらいしか思い浮かばないが、数えきれないほどの俳人を輩出したらしい。江戸時代末期には、季語の数がすでに三四〇〇語ほどあったようだ。現在では五千語を超えるという。このうち、植物が二四％、動物は十二％ほどで、最も多いのは行事である。

季語は単に季節を言葉で表すだけではなく、そこから連想するさまざまな心情を表現するのが本意である。たとえば、桜は春爛漫の景色を想像させるだけでなく、それを愛でる人々の喜び、短い時間で散りゆくはかなさ、さらに桜が醸しだす一種の妖気や狂気までも連想させる［カラーv］。とくに満開を咲き誇っていた桜が数日でいとも簡単にみすぼらしい姿に変身していくさまは、世のはかなさを感じさせるには十分である。

浅野内匠頭の辞世の句「風さそふ 花よりもなほ 我はまた 春の名残を いかにとやせん」は、切腹して果てる自身の身と重ね合わせた秀逸な句である。また桜の妖気や狂気は人によって感じ方は違うだろうが、確かに一面の桜花に囲まれると、平衡感覚や距離感が鈍るような気がする［写真5―4］。

寺田寅彦は、「俳句の精神は日本人の特異な自然観の詩的表現以外の何物でもない」と述べ、さらに「日本人の過去の精神生活のほんとすべてが凝縮されている。俳句が滅びない限り、日本は滅びない」とまで書いている。俳句の奥深さを知らない私でさえ、そう違和感はない。これを逆手にとれば、俳句的な精神、たとえば生物の移り変わりで生活や心の変化を感じとる感性が失われれば、もはや私たちは日本人ではないといえる。季語のうちで生物が占める割合は半分に満たないが、それでも身近な生き物が私たちの精神生活の少なからずの部分をかたち作ってきたと言えそうだ。

最近は海外でも俳句の人気が出ているという。韓国、東南アジア、インド、ボリビア、アメリカなど、日本人や日系人が多いからかもしれない。まだ外国では季語をまとめた歳時記はないようだが、それなりの傾向はあるらしい。熱帯諸国ではブーゲンビリアなどの植物が詠まれているが、特定の季節ではなく、数か月にわたって詠まれているらしい。植物は季語としてというより、背景を描写する材料としての意味しかないようだ。

インドではそもそも季語を使うという通念がなく、植物は宗教上の崇拝の対象として登場する。フランスでも植物は木、枝、花束といった使われ方で、植物を何かの象徴として表現することに関心がないという。日本でも栽培された観葉植物や輸入された植物で、日本人の季節感はすでに相当失われているかもしれない。こうしたことが、日本人が長年育んできた文化や心にまったく影響しないと考えること自体に無理がある。きちんとした科学的評価が望まれる。

日本の伝統色と生物

フジ色、ヤマブキ色、トキ色も

日本人の文化で季語と似たような役割を果たしてきたものに色彩がある。四季のうつろいは、自然の景色や動植物を通してさまざまな色彩を連想させてきた。その数は人によってまちまちだが、日本には五百から一千種もの伝統色があるとされている。

私たちが日常生活で使う色は、色鉛筆セットから類推して二、三〇種程度なので、いかに微妙な色合いを分類してきたかが推察されるだろう。市販には、一五〇色というとんでもない種類のセットもあるようだが、プロでもない限りまず使うことはないだろう。色彩は季語と違って、世界中のどこでもいろんな種類があるから、日本人がとりわけ色彩感覚に優れているかどうかはわからない。だが、伝統色の多くに自然物の名前がつけられている国は、他に類を見ないのではないかと思う。

すべての種を調べる余裕はなかったので、試しに長澤陽子監修『日本の伝統色を愉しむ』（東邦出版）にでていた約一六〇色を対象に、生物に由来するものがどれだけあるか調べてみた。

食糧などに加工されたものは除外しても、三分の二が動植物の色に由来していた。フジやヤマブキ、オミナエシ、リンドウなどの特定の植物をさす場合もあるが、萌木、萱草、朽葉、枯草のように、季節の移り変わり自体を映しだした色も少なくない。動物の例は多くないが、鶯（ウグイス）、鴇（トキ）、夏虫、鳶（トビ）、鶸（ヒワ）などがあり、鳥の色が主流のようだ。鶯色は鶯餅の黄緑色で有名だが、他は意外と知られていない。「鴇色」は淡いピンクで、乙女色とも言われているらしい。

夏に涼しげな虫の色

「夏虫色」はタマムシ、セミ、アオシャク（シャクガの一種）、キリギリスなど諸説あるが、うす青の涼しげな色合いからして、タマムシの金属光沢をした緑ではないと思う。清少納言が『枕草子』で詠んでいる「いと暑きころ、夏虫の色したるもすずしげなり」の文面からしても、タマムシは似合わない。「涼しげ」であれば、アオシャクの薄緑の翅の色［カラーviii］にかなうものはないと私は思っている。

「鶸色」はやや緑がかった黄色で、本州に秋に渡来して越冬するマヒワの色である。最後の「鳶色」はやや赤みがかった茶色で、空を旋回してピーヒョロロとなくトンビの体色である。この色は他の生物（とくに昆虫）の名前にも付けられていて、トビイロウンカ、トビイロケアリ、トビイロヤンマなどが思い浮かぶ。トビイロウンカの英名はbrown planthopper、つまり単なる「茶色いウンカ」であり、日本名に比べるとあまり奥ゆかしさがない。

中国の「五行説（ごぎょうせつ）」にならう

日本の伝統色の多くは季節を表している。その起源は、五行説という中国の古い思想に行きつくらしい。五行説は、万物の起源を木・火・土・金・水という五種類の元素（化学的な意味での元素ではない）からなるという思想で、日本には漢代の思想が飛鳥時代に入ってきたようだ。陰陽師で知られる安倍晴明の五角形の紋（五芒星）は、この五つの元素を象ったものである［図5―5］。

これら元素が曜日や惑星と関連しているのは見てのとおりである。だが、もともとは文字どおりの意味で、樹木や火、土、金属、水といった身近な事物がこの世の根底をなし、それらが世界を動かしているという思想である。とくに注目すべきは、木→火→土→金→水→木という循環がこの世をかたち作っているという考えである。これは、生態系の仕組みを的確に捉えていて、専門的には「物質循環」という言葉が使われている。唯一欠けている重要な要素は、二酸化炭素や酸素といった目に見えない物質である。光合成や呼吸という活動が証明されたのは遥か後の時代であり、さすがの古代中国の賢人たちも思いが及ばなかったようだ。

木・火・土・金・水は、それぞれ季節や色、方角に対応している。つまり、木～水は、それぞれ春・夏・土用・秋・冬の五つの季節、それに対応する色は青（緑）・朱・黄・白・玄（黒）の五色である。方角は、東・南・中央・西・北が対応する。大相撲では土俵の上に吊り屋根があって、その四隅から色つきの房が下がっている。その房の色は方角とおよそ一致している。相撲好きの人なら、「赤房下審判員から物言いがつきました」といったアナウンスを耳にしたことがあると思うが、この審判員は土俵の南側（向こう正面）の赤房の下付近にいる審判員である。

色と季節を組み合わせると、青春、朱夏、白秋、玄冬になる。青春は説明するまでもないが、白秋は詩人の北原白秋のそれである。惑星と色の関係で気になるのは、うちの娘が昔熱狂したセーラームーン戦士と制服の色である。だが、残念ながらマーズとジュピター以外の三人の制服の色は五行説とはまったく対応していない。

色と季節の対応も中国から輸入されたものなので、日本の伝統色も実は歳時記と同様に、中国の伝統色の単なる真似ではないかと危惧した。そこで、私の研究室にいる中国人留学生に頼んで、前記の一六〇色のうちで中国にはない色を調べてもらった。その結果、約五五％が中国でも使う色彩であることがわかった。やはり「日本独自の伝統色」というには、やや語弊があることは疑いえない。

私が好きな伝統色は鴇色である。いまは当て字で「朱鷺」が使われることもある。私は割合最近まで、トキは写真か飼育施設でしか見たことがなかったので、鴇色の本当の美しさを知ら

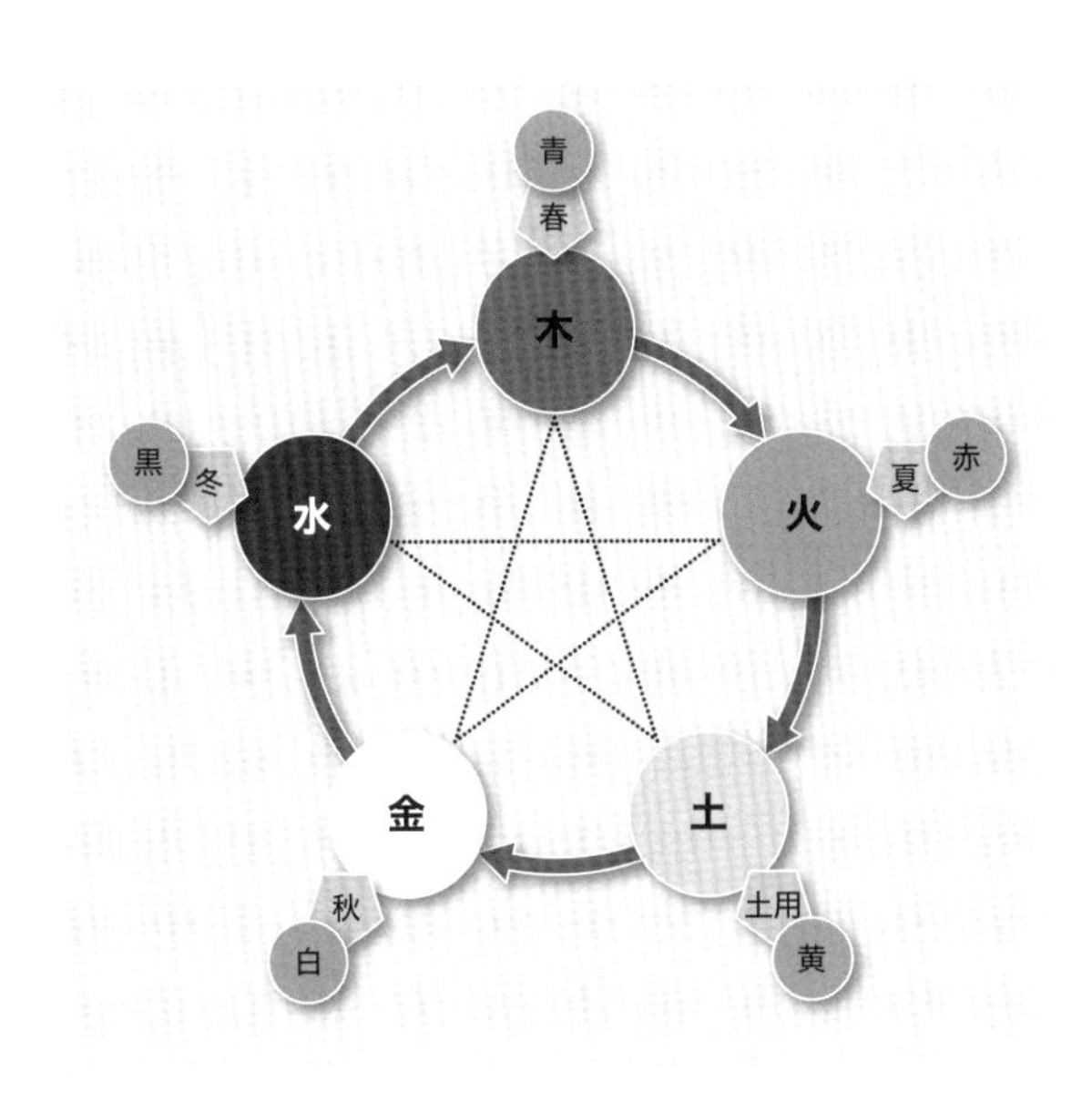

［図5−5］▶中国伝来「五行説」の元素、季節、色の関係

中国古代思想は、木 火 土 金 水を万物の元素（気）とする。中心に、平安時代の陰陽師・安倍晴明が五行の象徴とした五芒星が表れる。

なかった。羽の裏側が淡いピンクであることは知っていたが、ジッと止まっている外見からは、基本的に白っぽい鳥としか見えなかったからだ。ところが、佐渡島で放鳥されて自然界を悠然と飛ぶ姿を見て、認識を全く新たにした。青空をバックに、白い羽の表面と鴇色の裏面をフラッシュのように交互に羽ばたかせながら飛ぶさまは、本当に息をのむほど美しかった。その昔、トキは中国、朝鮮、日本などの東アジアに広く分布していたらしい。古代の中国人も日本人も、こうした美しい鴇色を身近に眺めていたに違いない。

いま、パソコンの画面で多数の色彩を映し出すことができる。だが、広大な自然をバックに、トキ色で優雅に羽ばたく美しさを感じることは到底できないだろう。日本の生物多様性の象徴の一つであるトキの野生復帰は、日本の失われかけた伝統色をも復活させているのである。

第6章　生物多様性から未来を望む

もはや坂の上に「雲」はない

ここ五〇年の近過去から考える

すでに読者の皆さんには、過去から現在に至るまで生物多様性が私たちの生活をさまざまな面から支え、豊かにしてきたことは理解していただけたと思う。それだけでも本書の目的は達せられた気もするが、やはり最後に話の落ちや着地点を決めたい。

書物などのいろいろなメディアを通じて、現代は第六の大量絶滅の時代に突入しているという話は聞いたことがあると思う。地球上の生物がすごいスピードで減少し、すでにかなりの種が絶滅の危機に瀕しているというものである。私の前著『生物多様性のしくみを解く』では「第六の大量絶滅期の淵から」という副題をつけ、その概要と背景にある仕組みを紹介してきた。詳しい内容については是非そちらを一読していただくとして、私たちの生活が生物多様性に支えられているとすれば、その喪失は将来の生活に重大な禍根を残すはずである。そうならないために、私たちは如何にしたら生物多様性を守りつつ、現在の生活水準を維持できるかについて、いまこそ真剣に考える時期に来ている。そのためには、まず私たちの辿った道を吟味することから始める必要がある。ただ、読者に実感をもっていただけるよう、あまり昔の話ではなく、ここ五〇年くらいの近過去の話から始めよう。

作家の司馬遼太郎は、戦国や幕末期の物語を多数手がけているが、明治期以降を扱った作としては『坂の上の雲』が有名である。維新後の日本を舞台に、日清・日露の戦争をとおして、列強に並ぶ近代国家の建設に邁進する人々の姿を描いた作品である。数年前にNHKでも放映されたので、若い人も結構知っていると思う。むろん、掴むべき坂の上の「雲」は近代国家であり、幕末まで後進国であった日本はその夢に向けて遮二無二突き進んだわけだ。作品では、結局ロシアに勝って雲を掴んだかのような形で終わるのだが、その後は太平洋戦争という谷に突き進んでいったのは周知のとおりである。

新たなステージを歩む

太平洋戦争で負けた日本は、その後の戦後復興で新たな坂の上の雲を目指すことになる。私は、その坂を上る途上の昭和三〇年代半ばに生まれた。ここ五〇年ほどの近過去に限定するのは、それも理由の一つである。戦後の高度経済成長の時代は、アメリカのように豊かな国になりたいという目標があった。戦争が終わると途端に敵国が憧れの対象になったのだから、いま思うと少し奇妙な気がするが、明治維新後のような欧米列強という漠とした目的よりもっと明確であったと言えよう。

さらに戦後の日本は、新しい憲法によって軍事力は目標の対象外としたのだから、具体的な目標も経済発展と生活の向上に絞られていた。「日本列島改造論」や「一億総中流化」は、その時代を反映したキャッチフレーズである。この時期、こうした誰にでもわかりやすい目標があったので、あまり難しいことを考える必要はなかった。むしろ考えないほうが効率的だったかもしれない。会社のために必死で働けばやがて給料も上がる、家電や車も買えて生活も便利になる、将来も保証される、という好循環の大波に乗りさえすればよかったのだ。結果として、日本列島の改造も、一億総中流社会も実現した。だが一九八〇年代後半のバブル期を境に経済は衰退期を迎え、先行きの見えない社会や経済情勢になり、いまや右肩下がりの時代になった。

有史以来ほぼ一貫して増えてきた人口も、二〇一〇年あたりを境に下り坂に転じている。民進党の枝野幸男氏は、「もはや坂の上に雲はない、ただ細く険しい尾根を谷底に落ちないように、慎重に踏みしめて進んでいくしかない」といった内容を著書で述べているが、正鵠を射た表現である。一方で、最近の「一億総活躍社会」という標語は耳触りはいいが、道筋を無理矢理つくっている気がして、尾根から踏み外しそうな危うさを感じる。

さらに、世界全体に目を向けると、地球温暖化や熱帯林の破壊、砂漠化に代表される環境問題や化石や鉱物資源の枯渇の問題は、まさに地球の有限性を象徴するものである。もはや坂の上の雲を眺める時代は去り、足元を見ながら落ち着いて歩むステージになったと言える。

豊かに生きる三つの方法

地球や生態系の有限性を前提としたうえで、私たちが豊かな生活を送るにはどうしたらよいだろうか。実は、根本的な考え方はそんなに何とおりもあるわけではない。一般によく言われている事柄は二種類に分けられる。一つは、従来トレードオフの関係にあった開発（利用）と保全を、中立的またはウィンウィンの関係にもっていく制度面での工夫である。

中立とは、一方を高めても他方が変化しない状態をいう。むろん、ウィンウィンは双方がプラスになる関係だ。二つめは、革新的な技術開発によって環境に負荷をかけない新たな製品や資源を生み出すことである。これは微生物資源の利用やバイオミメティクスの章で述べた夢のある話である。だが、私はもう一つ重要なことがあると思う。それは教育と啓蒙である。価値観の変革といってもよいだろう。ただし、まったく新たな価値観をつくるというよりは、昔あった価値観をほどよく復活させ、現代に合うように修正したものである。

トレードオフ解消のための政策を

アーバン・スプロールが止まらない

トレードオフ解消のための政策はいろいろ提案され、実行に移されている。本書はそうした政策を書き並べることを目的としていないし、役所的な文書は読んでいてもあまり楽しくないだろう。だが、内容を厳選すれば身近で分かりやすく、一般の人でも実行できそうな例もある。ここではその代表として、コンパクトシティと認証制度について取り上げる。

私は千葉県の柏市に移り住んでから、かれこれ三〇年になる。当時の日本は安定成長期の末期でバブルの直前であった。そのころはまだ近所に小規模ではあるが田んぼがあったし、雑木林もあちこち点在していた。長野県出身の私にとっても、そこそこ自然が残っているという印象だった。森林性の生物であるフクロウやアオバズク［写真6－1］が近所の電線で鳴いていたし、コムラサキやノコギリクワガタがマンションに飛んできたり、田んぼでは子供たちがシュレーゲルアオガエルやドジョウを捕まえていた。だが、バブルがはじけた後も相変わらず土地改変は続き、水田は埋め立てられ、雑木林も多くが切り倒されて宅地や駐車場と化した。その傾向

［写真6−1］▶「アオバズク」は人間にとって最も身近なフクロウ
千葉県柏市の人口は80年で16.5倍の410,000人に達し、急速な都市化により雑木林が消え、そこに棲む鳥や昆虫の姿もいつの間にか見られなくなった。写真は神奈川県川崎市で撮影。

は最近も衰える気配はない。日本の人口は減少し始めているのに、景気もよくないのに、そして空き家も増えているのに、それでも高度経済成長期と同じように身近な自然が失われていく様子は何とも合点がいかない。

都市近郊に宅地が広がり、農地や林地が削られていくさまをアーバン・スプロールという。スプロールは、もともと手足を広げてだらしなく寝そべる様を言うらしいが、宅地が郊外に無秩序に広がる様子の比喩としてはうまい表現である。もう二〇年以上前になるが、宮崎駿率いるスタジオジブリの『平成狸合戦ぽんぽこ』（高畑勲原作・脚本・監督）という子供たちに人気のアニメが流行ったことがある。これは、昭和四〇年代の多摩丘陵を舞台に、アーバン・スプロールの波を受けてタヌキたちが悲しい運命をたどる様子を物語にしたものだ。ただし、タヌキは相当しぶとい生き物で、最近では都市部で勢力を盛り返していて、東京二三区内だけで約一千頭もいるらしい。映画のように、人間に化けなくても十分くらしていけるようだ。

アジアの途上国でもここ数十年、急激な人口増加ですさまじい勢いでアーバン・スプロールが起きている。世界最大の人口を誇る中国はその最たるもので、ここ数十年で都市近郊の農地を飲み込むスピードは日本の高度経済成長期以上のものがある。専門誌では、都市緑地が増加して環境が改善されているという中国人による宣伝めいた論文を見かけるが、それは都心のごく一部であって、近郊の農地や森が失われた量とは比較すべくもない。それに対していまの日本では、全国レベルではスプロールは治まっているようにみえるが、前に述べたとおり小規模での宅地開発は依然続いている。ある調査によると、ここ三〇年ほどで千葉県北部の草地の面積は半減し、その多くが宅地や大店舗、駐車場などに転換されたらしい。中古物件を購入したり、建て替えたりすれば新規に土地開発をする必要はないように思うのだが何故だろうか。よく調べると、建て替えは新築よりも高くつくこと、新築購入に対して税の優遇措置があるらしいことがわかった。だが、日本の空き家は八二〇万戸（空き家率で十四％）もあるのだから、中古購入やリフォームに税の優遇措置をとればいいのではないか。もちろん、他人の手垢のついていない新しい土地に住みたいという、ある種の清潔願望があるとすれば、思うように事は運ばないかもしれない。

コンパクトシティの可能性

最近、都市計画の分野ではコンパクトシティという発想が主流になりつつある。人口減少社会を迎えた現在では、無秩序に広がった都市を縮小して、小さいけれど利便性の高い都市づくりを目指そうというものだ。これは集約型都市構想とも呼ばれ、約半数の市町村でマスタープランに採用されている。もう少し具体的にいうと、都市の中心部を再開発し、スーパー、病院、養護施設などを集約的に配置し、高齢者がくらしやすく女性が働きやすい環境を造ると同時に、自家用車の利用を減らして環境負荷を減らすことを狙っている。税制などのインセンティブに加え、建物の容積率の制限を緩和すれば、地べたの面積は同じでも延べ床面積は広がるので、コンパクト化はさらに進むだろう。結果として賃貸料も下がるから、給料の低い若者でも中心部に住めるようになるはずだ。

一方で郊外には農地や雑木林が残り、そこで家庭菜園や自然散策を楽しむことができる。メンタルヘルスも維持でき、身近な生物と触れ合うことで自然体験の喪失にも歯止めをかけられるだろう。また第2章で述べた清潔仮説が正しいとすれば、子供たちが土と触れ合う機会が増えることで、喘息やアトピーが減るかもしれない。

空き家の新しい活用法

コンパクトシティはいいことずくめの案に思えるが、実際にはなかなか進んでいない。その最大の理由は、一度出来あがった都市を再構築するには、相当な費用がかかるからだ。そのうえ、近郊から中心部への移転は生活環境の変更を伴うから、それを望まない人も少なくないだろう。だが、新たな家を探す若い世代の人たちは少し事情が違うはずだ。なにも通勤に時間がかかる郊外の農地や雑木林をつぶして新築を造ることはない。便利な都心に住みたい人はマンションを借りればいいし、一戸建てがほしい人は郊外の空き家を購入ないしは改築するか、壊して新築すればよい。後者の場合は、郊外からの撤退を意味するわけではないので、コンパクトシティには貢献しないかもしれないが、スプロール現象の歯止めには役立つに違いない。

最近、饗庭伸氏は『都市をたたむ』（花伝社）という本の中で、面白い提言をしている。短期的には実現可能性が低いコンパクトシティを性急に目指すのではなく、まずは都市域に斑点状（饗庭氏はスポンジ状とよんでいる）にできた空き家を自治体が安価で買い取り、公共施設などとして有効活用することで都市の再生を図ろうというものだ。これは、「スポンジ化」を生かした都市づくりともえる。空き家を生かすという点では、私の主張と同じである。スポンジ状にできた空き家が、公共施設などになれば、そこに花壇を造ってみてはどうだろうか。都市部に花壇のネットワークができれば、そこを訪れる蝶やミツバチたちの数が増えるだろう。東京などの大都市ではどこにでもいる普通種が増えるだけだろうが、それでも私たちの「経験の絶滅」を食い止める役割は果たせそうだ。また地方の中都市では、希少種を呼び戻すこともできるかもしれない。

昭和四〇年代の長野県飯田市を思い起こすと、家々の庭先にはケイトウ、ベンケイソウ、サルビア、シオン、ハギなど、いろいろな花が咲いていて、秋口になると、あちこちでヒョウモンチョウやセセリチョウ、シロチョウの仲間が群がっていた。いまでは伊那谷から絶滅したヤマキチョウやウラギンスジヒョウモンが来ていたこともある。これは私の印象であるが、最近は庭で見られる花の種類が単調になり、蜜をたくさん出す植物が減ったような気がする。また、庭木に押されて花そのものも減ってしまったように思う。庭で花を育てるという趣味が衰退しているかもしれない。都市のスポンジ化の利用は、スプロールの解消と蜜植物のネットワークの形成という、生物多様性にとって一挙両得の策といえる。

認証制度を知る

海外の森林を減らしている

日本では身近な自然がどんどん開発されてきたとはいえ、国土全体でみると三分の二が森林で占められていて、ここ四、五〇年ではほとんど変化していない。だから、草地や農地、湿地、都市近郊の雑木林に棲む生き物の減少は激しいが、森林性の生物はそれほど顕著に減っているわけではない。だが、これは外国から木材や紙の原料となるパルプを輸入しているおかげである。例を挙げると、私たちが日常使っているコピー用紙の三割はインドネシアから輸入されたパルプである。東南アジアなどの熱帯地域では、ここ数十年で森林面積が半減した地域も多い。そこに棲むトラやオランウータンが危機に瀕しているのは当然の成り行きである。日本の森林が維持されているのは、海外の森林や野生動物の犠牲のうえに成り立っているのである。

私は子供のころからいろんな生き物が好きだったので、哺乳類の図鑑もよく見ていた。そのなかで、インドネシアのバリ島やジャワ島には小型のトラがいることが書かれていた[図6-2]。バリ島といえばリゾート地として日本人には有名だが、私はトラの生息地としてその名前を先に知った。後に知ったリゾート地としてのバリ島は、最初別の島ではないかと思ったほどである。自分で言うのも変だが、まったくマニアックな子供だった。当時の図鑑には、すでにバリトラは絶滅したと書かれていた覚えがあるが、ジャワトラはまだ数十頭が残っていると記されていた。だが、それも一九八〇年代には絶滅したらしい。いまは同じインドネシアのスマトラ島の森林が激減しているので、やはり小型のトラであるスマトラトラがピンチになっている。

木材やパルプに加え、食糧や洗剤なども森林減少の要因となっている。アブラヤシという熱帯の樹木の実からとれるパーム油は、マーガリン、ドレッシング、カップ麺、スナック菓子、アイスクリーム、シャンプー、洗剤などに使われている。コンビニの約半数の品目でパーム油が使用されているという報告もある。アブラヤシ農園は熱帯林を大面積に切り開いて造られたきわめて単純な生態系である。そこにくらす生物の住処(すみか)を奪うだけでなく、土壌の流出や河川の汚濁なども引き起こすので、周辺の川に棲む魚類も激減している。

紙、油、洗剤、米にも認証マーク

私たちは、まず日常生活が遠い熱帯林の生態系や生物多様性を蝕んでいるという認識をもつ必要がある。そのうえで、自分たちに何ができるかを考えてみることだ。製品や食品の認証制度とはその橋渡しをする制度である。

©WWF-Canon / Helmut Diller

［**図6−2**］

▶絶滅してしまったバリトラ（学名：***Panthera tigris balica***）

バリトラはトラ9亜種中の最小の種であり、大きなオスでも約2.2メートル、体重もほぼ100キロ未満。敏捷な動きを見せ、そのシマ模様は他のトラに比べて間隔が広いなど特徴的であった。

インドネシアのバリ島の森林に生息したが、1937年から1940年代にかけて絶滅が確認されている。原因は生息地の環境破壊と、ヨーロッパからの入植者によるトラ狩りだったという。現在、ジャワトラとカスピトラの2亜種も絶滅している。<画像提供＝WWF>WWFは、人と自然が調和して生きる未来をめざし、100か国以上で活動する地球環境保全団体である。

▶「トラの背後には圧倒的な広さの森、そしてトラの命を支えるシカやイノシシ、草食動物を支える森の実り、草木の受粉を支える虫や鳥たち…。トラの存在は、幾重にも重なり合う命のつながりそのもの」と、野生生物の取引を監視・調査するNGO“TRAFFIC”は、WWF（世界自然保護基金）とIUCN（国際自然保護連合）の自然保護事業として活動している。トラが絶滅をまぬがれるように密猟や密輸から守る活動や、スマトラの森林保護に努める。詳しくは「トラとその生息地の自然を守るために」へ。
http://www.wwf.or.jp/activities/2009/01/605613.html

森林認証制度は、持続的な木材生産や生物に配慮した経営を行っている森から得られた林産物を、第三者機関が認証し、認証ラベルを付けることで、消費者が選択できるようにする制度である。違法伐採はむろんのこと、合法であっても広範囲の皆伐や、地域住民のくらしを脅かすような経営に由来する産品は認証されない。最終的にはブラック企業の締め出しを狙っているとも言える。日本での認証製品の普及率はまだ低いが、それでも森林認証のエコマークの付いた製品はあちこちに出回っている［写真6―3］。コピー用紙、ティッシュペーパー、ジュースの紙パックなど、注意すれば結構見つかる。東海道新幹線の車内で売られているコーヒーの紙コップには、レインフォレスト・アライアンス認証のカエルのマークがついている。これも森林認証の一種で、認証された農園のコーヒー豆が五〇％以上使用されている。ローソンで売られているコーヒーも同じカエルのマークがついているが、他のコンビニのコーヒーでは見たことがない。生態系への配慮が足りない「ブラックなコーヒー」なのかもしれない。パーム油の認証は、まだ森林認証に比べるとはるかに少ないが、それでも洗剤やシャンプーなどにある。

国産の認証制度では米が有名である。新潟の佐渡島や兵庫の豊岡では、トキやコウノトリの生息環境を整えるため、減農薬などの環境保全型農業が広がっていて、「朱鷺と暮らす郷米」や「コウノトリ育むお米」といった認証米が全国に出回っている。農薬を減らすだけでなく、冬の田んぼに水を入れたり、田んぼの脇に浅い溝を作って年中水たまりができるような工夫が

［写真6-3］▶森林認証のエコマーク
FSC（Forest Stewardship Council）は、持続可能な森林経営のための国際的な取り組みの一つ。緑のカエルのマーク「レインフォレスト・アライアンス」もまた、熱帯雨林の適正な管理を目指す。私たち消費者は、このマークのついたコーヒーを買うことによって生産国の熱帯雨林の保護にも貢献することができる。

施されている。カエルやトンボ、水鳥などを増やす効果を狙ったものである。

認証米には、他にもツシマヤマネコ(対馬市)やカンムリワシ(石垣市)といった絶滅危惧種で知名度が高い生物をシンボルにしたものもあれば、ゲンゴロウ(尾道市)などの昆虫[写真6−4]、フナやナマズなどの魚(滋賀県の複数の市)など、やや地味な生き物を対象にしたものもある。

一般に認証商品は、普通のものに比べると割高である。農薬などを普通に使う慣行農法で作られた米は五キロで二千円ほどだが、トキやコウノトリ米ではそれよりも千円以上高い。だから、消費者の意識が高くないと安定した購買にはつながらない。

またそれ以前に、認証品そのものの知名度がまだ低い。私は一般人を対象にした講演会などでよくこの話をするのだが、大多数の人が森林認証のロゴマークを知らない。かくいう私自身も、研究室で使っているコピー用紙の製造会社が森林認証の製品をだしていることを最近まで知らなかった。口先だけにならぬよう、さっそく認証ラベルつきの用紙を購入するよう学生に指示しておいた。

どんなによい制度でも、認知度が低ければ始まらないし、その価値をうまく伝えないことには人々は共感してくれない。ここでも教育や啓蒙の努力や工夫が必要になってくるのだ。もう一つ重要なのは、この制度によって自然環境が本当に守られ、改善されているかについての情報を消費者にフィードバックする仕組みを造ることだ。これはこの制度の持続性を担保するた

［写真6-4］▶広島県尾道市御調（みつぎ）町の源五郎米

御調町源五郎米研究会は、準絶滅危惧種ナミゲンゴロウをはじめとする田んぼや水路、里山に生息する生き物と共生するコメ作りに取り組む。「源五郎米」はJA尾道市が発売する。

めには必須であろう。たとえば、五キロあたり千円割高の認証米を考えると、一合あたり四〇円ほど余計にお金を使うわけだが、それが生き物の増加に役立っているという数値が提供されれば、たまには認証米を買ってもいいかという気持ちになるだろう。米袋に随時アップデートした数値を印刷することはできないだろうか。

革新的な技術開発があり得る

技術の進歩と負の波及効果

二〇世紀は技術革命の時代で、原子力やコンピュータの開発に始まり、バイオテクノロジーやナノテクノロジー、ITテクノロジー、ロボットテクノロジーなどが次々と現れた。今世紀になり、その流れはさらに加速している。私たちの生活はどんどん便利になったが、科学技術の進歩には非難も少なくない。核兵器や原子力発電の問題をはじめ、生命倫理、情報化社会の弊害、化石資源の消費による温暖化等である。こうした問題は、さらに人間の文化や精神にも影響を及ぼさないわけはなく、倫理や文化にたいする負の波及効果も懸念されている。むろん、行き過ぎた批判は的外れであるが、生物としての人間の進化が現在の変化スピードに適応しきれていない面は否定できない。

資源エネルギー問題では、太陽や風力、地熱、バイオマスなどを利用した化石燃料からの脱却が標榜されている。こうした技術開発はもちろん有用であるが、土地利用の改変を伴うことが多いため、農業生産や住環境などとのトレードオフも解決する必要がある。一方、原子力エネルギーは膨大なリスクを抱えているうえに、原料のウランが今後七〇年ほどで枯渇する見通しなので再生可能でもない。

新たな共生像が見えてくる

こうした状況下では、省エネルギーを実現するための技術開発は非常に重要だ。そのための方法はいろいろな方面から模索されているが、第4章で述べたバイオミメティクスは今後たいへん有望である。文字どおり生物の形や生物が物質を造る仕組みを手本にしているのだから、化石燃料や鉱物への依存から脱却できる可能性を秘めている。これは有限な資源を消費する社会からの脱却だけでなく、環境負荷の高い副産物（二酸化炭素や汚染物質など）を大量に排出し続ける社会からの脱却も可能にする。生物の多様性は膨大だから、私たちが考えもしなかった方法で環境問題に対処しているはずだ。なにせ、人間以外の生物は化石資源を使う「工業」なしで、はるか昔から省エネ型の「ものづくり」をしてきたのだから。

バイオミメティクスは「生物規範工学」とも「ネイチャーテクノロジー」とも呼ばれている。ここでのテクノロジーは、むろん旧来の大量消費型ではなく、人間にも環境にも優しいテクノロジーである。環境に優しいということは、生物にも優しいことになる。だから一歩引いて考えると、生物多様性が人間の知恵を育て、それが巡り巡って生物多様性を守るというフィードバックの構図が見えてくる。少し大げさかもしれないが、人間の知恵を仲立ち（あるいは利用）した「生物どうしの新たな共生像」を発見した気分である。

価値観の転換

「もったいない」はかっこいい！

最後に三つ目の論点に移ろう。制度的な工夫と技術革新があれば、問題はすべて解決するとは限らない。制度だけで人の心が動かせるわけではないし、技術革新にも限界があり、現代の環境問題をすべて解決できるとは思えないからだ。ここでも「坂の上の雲」を過信してはいけない。そこで三つめの革新が必要となる。私はそれが教育や啓蒙であると主張したい。

じつは、石田秀輝氏が『自然に学ぶ粋なテクノロジー』（化学同人）という本のなかで似たようなことを書いている。石田氏は、有限な資源のうえに循環型社会を築くには、自然を手本とした技術開発（テクノロジー）と、適切な法的規制や制度的誘導（システム）、そして倫理による自己規制と個人のライフスタイルの転換（生活者）が必要であると主張している。「もったいない」がかっこいいと思える人間の欲の構造をつくるべきだというのだ。私はこの価値観を創るのが教育や啓蒙であると思う。

価値観というと、宗教教育や昔の道徳教育のように、人間はこうあらねばならないといった有無を言わせぬ押しつけのイメージがあるかもしれない。実際いまでも、国旗掲揚や国家斉唱をしない組織や個人に一定の罰則を付与する動きもあり、このような道理がよくわからない押しつけは反発を買いやすいのは当然だ。だが、環境や社会の持続性のような理にかなった価値観であっても、本人が心から腑に落ちなければ、それは持続しないだろう。ポシティブな印象づけ、もっと言えば「アハ体験」（瞬時に脳内の細胞が一斉に活性化するような体験）が必要である。アハ体験は、モヤモヤしていたことが一気にわかる瞬間で、日本語でいえば「なるほど！」、英語でいうとaha!となる。日本では脳科学者の茂木健一郎氏の専売のように思われがちだが、ドイツの心理学者カール・ビューラーが提唱したもので、その起源はアルキメデスにまで遡るらしい。

また教育というと、学校のように教師が上から目線で生徒にいろいろ教え込むという図式が思い浮かぶかも知れない。そうした要素もある程度は必要だが、もっと大事なのは有用な情報をわかりやすいエビデンス（証拠）とともに提供し、それが地域の環境や文化にどれほど貢献しているかを腑に落ちる形で説明すること、そしてそれを基に自分たちで考えてもらうことだと思う。言い換えると、必要な知識を適宜与えつつ、自分たちの頭でモノの価値をしっかり考え、語ることができるように誘導することが本当の教育だろう。その意味で、啓蒙という言葉の方がしっくりくるかもしれない。

具体的な題材は、本書で述べてきた内容のなかにたくさんあるはずだ。生産性の高い均一な農作物を育てるのがいいことなのか、行き過ぎた清潔志向はまずいのではないか、季節の移り変わりを感じないモノトーンの生活が楽しいのか、値段の安さだけで商品の素性を気にしない消費者でいいのか、そして何より、すぐにお金に結びつかない生物多様性はたいした価値はないと言っていいのだろうか。答えは一つでないかも知れないが、方向性は明らかだと思う。

ところで最近、自己実現という言葉をよく耳にする。資源が無限で右肩上がりの世の中では、自己実現の方法は単純で、お金を稼ぐことで裕福になることだった。だが、右肩下がりで先行きが不透明な世の中では、マネー資本主義の考えは不安定でリスクが大きく、目に見える楽しみも少ない。自己実現は、就活サイトで若者を勧誘する文句として使われてきたが、最近では定年後の人も含めたシニア層のキーワードにもなっている。この年齢層の人たちは、地域の環境保全活動や農業の担い手として活躍している。里山の保全活動に参加することや、郊外の市民農園で野菜を作ることは、生態系の保全や食糧の生産だけでなく、その行為自体から得られる満足感や、それを通して形成される人的ネットワークに自己実現を感じているらしい。もちろん、そこそこ安心してくらしていけるだけの資産が保障されていることが前提となる。最低賃金制度や各種セーフティネットの充実は不可欠である。

こんな話をすると、結局はマネー資本主義の域を超えていないのではないかという声も聞こえてきそうだが、大もとの価値観が違う。お金は最低限の基準であり、ましてや唯一の基準などではない。だからマネーゲームで一喜一憂する世界とはやはり別物である。自然と寄り添い、地域のよさを見つめなおし、環境負荷を減らす取り組みに自ら参加することで自己実現を見い出すことは、何も富裕層でなくてもできることである。こうした自己実現の輪をいかに広げていくか、今後の啓蒙活動の果たす役割は大きい。

農地の存在に意味がある

一方、経済評論家などの知識人のなかにも、生態系の持続可能性や生物多様性の効用について、意外とわかっていない人がいる。マネー経済の仕組みには非常に通じているのだが、生物多様性には端から価値を見い出していないような気がする。あるいは表面的な知識はあっても、忙しすぎて正しい情報が伝わっていないのかもしれない。

たとえば、農業は突き詰めれば「作物生産」に行き着く、だから農水省を解体して経産省の傘下におき、オランダのような超集約的な産業に転換すべきと主張する人がいる（大前研一『日本の論点2016―17』プレジデント社）。だが、農業には環境保全などの多面的機能があり、農地の存在自体に意味があることは、もはや常識になりつつある［写真6―5］。たとえば、水を溜めることによる洪水の防止、作物による二酸化炭素の吸収、農地や農村の美しい風景に由来する癒しの効果、そしてさまざまな生物の住処としての機能などがある。むろん、これらの機能は、工場的な閉鎖された環境で行う作物生産によっては、到底果たすことができない代物である。

また「目標」とするオランダの農地ではネオニコチノイド（農薬）の過剰な使用で野鳥などの生物が激減していることもわかってきている。ネオニコチノイドは、昔盛んに使われていた有機リン系の農薬よりも毒性が低いということで、画期的な製品としてもてはやされてきたが、海外ではミツバチの減少の主要因と見なされている。日本では近年、アキアカネ（赤トンボの一種）の激しい減少の原因であることが判明している［カラー vi］。さらに、最近になってネオニコチノイドは人間のさまざまな疾患にも関連している可能性も指摘されている。東日本のある地域では、ここ十年ほどで原因不明の手の震えや動悸、短期記憶の喪失などの疾患が増えている。患者の尿検査をしたところ、尿中にはネオニコチノイドに由来する化学物質が多く含まれていた。これは地域でとれた果物やお茶などを通して人体に入ってきたらしく、それらの摂取をやめると約八割の患者が数か月で症状が緩和されたらしい。まだ証拠としては強いものではないが、今後注視していく必要があるのは間違いない。

［写真6−5］▶農地がつくる美しい景観、熊野地方の丸山千枚田
西日本に多く見られる方式のこの棚田は、高低差160メートル、約1340枚の小さな田が幾重にも重なり合っている。

未来からの前借りをやめよう

作物を低コストで大量生産することを目指すかぎり、生物や生態系に負荷の大きい農薬や化学肥料に依存する体質から脱却することは難しい。いま、日本の国家財政は大変な赤字を抱えていて、そのツケを将来に回すことに批判的な意見が多い。同じことは環境についてもいえるはずだ。持続可能な農業の普及に取り組んでいる小野邦彦氏は、「未来からの前借りやめませんか?」という言葉を著作物の中で述べているが、まことに名言である。環境負荷のツケを子孫にまわすことは、子孫が本来享受できるはずの「安全な環境」を前借りしているに等しい。おこがましいようだが、こうした事実を知識人と言われる人たちにも正しく伝えていく作業(=教育や啓蒙)は今後ますます必要になるであろう。

教育について思うこと

優れたアマチュア研究者たち

次に、次世代を育てるうえでたいへん重要な初等・中等教育について考えてみたい。私がいま生物学者の端くれとしているのは、小学校の教師だった父親の影響が大きい。物心ついたころから、よくバイクに乗せてもらって山へ蝶採りに出かけたものだ。理科の免許をもっていたので生き物に関心があったらしい。だが、後になって知ったのだが、高校の先生には父親とは比べものにならないくらい生き物に詳しく、情熱のあるアマチュア研究者がいた。私がとくに影響を受けたのは、地元でトンボの研究をしていた伊藤文男氏である［写真6-6］。当時、トンボの四連結を世界で始めて発見したことで有名であった。よく授業が終わると車でトンボの調査に連れて行ってもらった。なかでもアオイトトンボの潜水産卵という興味深い習性の調査が最も印象に残っている。雄と雌が連結したまま、数十分も水中に潜って産卵している光景はいまでも鮮明に覚えている。

上京して首都圏のアマチュア研究者と知り合いになってからは、さらにそのすごさを実感した。私が大学院から始めたクモの研究も、全国の高校の先生たちが休日を使って調べた分布や詳細な行動観察が非常に参考になった。むろん、蝶もトンボも鳥も、どの分野も同じであった。生態学や地域の生物多様性の保全のかなりの部分が、そうしたアマチュア研究者の地道な活動のうえに発展してきたといえる。

数年前に亡くなられたが、トキの羽色が繁殖期に白色から灰色に変色することを発見した佐藤春雄氏も、佐渡島で長年高校教員をされていた［写真6－7］。それまでの鳥類学者の学説では、色の違う二種類のタイプのトキがいるという間違った認識が定着していたのだから、まさにプロの上を行く研究者だった。ちなみに、発生生物学者として著名な浅島誠氏（東京大学名誉教授）は佐藤氏の甥に当たる。生前に佐藤氏に聞いた話では、幼少期に浅島氏をよく野外に連れて行って生き物を教えたそうだ。その影響は「推して知るべし」である。

生きた授業の実現へ

だが、残念ながら現在はそうした先生たちのほとんどは退職し、ナチュラリストは激減してしまった。なぜだろうか。よく「理科離れ」という言葉を聞くが、私はそれよりも学校の先生の自由時間があまりに少ないことが最大の原因だと思う。ときどき話をする機会があるが、部活や生活指導、父兄への対応などで忙殺されているようだ。もちろん、生物の先生が皆ナチュラ

［写真6－6］▶伊藤文男氏による「アオイトトンボの4連結」（上の写真）の発見
上の3頭がオスで一番下がメス。1974年10月5日、下伊那郡松川町にて撮影。高校教師だった伊藤文男氏、著書に『下伊那の蜻蛉』（下伊那教育会 、1961）がある。下の写真はごく普通のアオイトトンボの連結産卵（2連結）。東京都内で撮影。写真提供＝宮下俊之

リストである必要はないが、アマチュアとして研究を続けていきたいと考えている人は少なくないはずだ。

せめて休日や授業の合間くらい、好きな研究を自由にできる環境は作れないものだろうか。また時には学会に出席して研究成果を発表したり、先端の講演を聞く機会を奨励するような仕組みを作れないだろうか。そうしたアクティブで情熱のある先生は、きっと生きた授業ができ、子供たちに生き物や自然環境の素晴らしさを身をもって教えることができるに違いない。私は大学で生態学を研究する学生の面倒をみているので、生き物好きを何人も見てきた。やはり高校時代の先生に影響を受けてこの道に進んだ学生が四、五人はいた。そのうち二人の先生(すでに退職された)をよく知っているのだが、地元の絶滅危惧種の保全活動やボルネオの生物の写真集を作るなど、とても活発で魅力ある方たちである。

こうして感化を受け、身近な生物に関心を持つ次世代が増えれば、「経験の絶滅」などの心配もなくなるし、日本の四季の移り変わりの機微のわかる文化の継承者にもなれる。受験や生活指導も大事だが、そうした環境づくりこそが、科学立国を支える一つの資本であることを是非認識してもらいたい。

［写真6-7］▶佐藤春雄氏は、トキの羽色が繁殖期に白から灰色に変わることを発見
著書『はばたけ朱鷺』（研成社、1978）には、佐渡にくらす佐藤氏のトキに対する思いと、粘り強い保護活動の日々が記されている。右下の空を飛ぶトキの写真は、新潟大学「朱鷺・自然再生学研究センター」提供。

教師以外に子供の教育の担い手になりうるのは、親や近所の知り合いを含めた一般人であろう。もともと生物に精通している人もいるだろうが、生態系や生物の保全を目指したNPOやNGOの観察会、ボランタリーな保全活動、市民参加型の生物調査などに関わっている人たちが中心だと思う。こうした人たちは、教育の担い手であると同時に、アマチュア科学者として即戦力となっていることもある。多くの団体が高齢化で後継者不足の状態にあるが、退職して第二の人生を探している人は今後も供給され続けるわけで、宣伝次第では持続可能であろう。

その手段として手っ取り早いのはインターネットであるが、わかりやすくてインパクトのある書籍はやはり非常に重要である。本は誰でも書けるわけではないので、大学の教員が果たす役割は大きい。私が数年前に書いた『生物多様性のしくみを解く』は、何人かの方からお褒めの言葉をいただいた。だが、最も嬉しかったのは、本を読んだ都内の中学生が生物多様性の保全や外来種の問題を研究室まで質問に来てくれたことである。

この本はもともと中学生でも理解できる内容にしたつもりであったが、実際にそうなったことに感激した。この中学生はとても聡明で、本の内容を深く理解している様子であった。「なぜ外来生物は問題なのか」といった質問がマスコミ取材のように次々に飛び出し、こちらも子供相手ではなく本気モードで対応したのを覚えている。

最近の若い人は内向きになっていて安全志向になっているという話を聞く。私も同じ印象を受けるが、その背景要因はいまの大人たちが作った社会にあるのは明らかである。それぞれの立場でできることを実行し、後の世代に伝えていくことが、先行きの見えにくい未来を明るいものにしていくための確実な手段であると思う。

おわりに

最近、自然災害についてのニュースが多い気がする。温暖化や砂漠化、台風や竜巻の巨大化などは、おそらく人為が地球環境に与え続けてきた「つけ」の表れである。それと同時に、さまざまな技術の進歩で私たちのくらし方そのものが自然から乖離し、皮肉にも社会の脆弱性を増してきた面もある。大地震や津波ははるか昔からあったはずだが、その教訓は目先の便利さや豊かさでかすんでしまい、いまのくらしが決して後戻りしないような錯覚を抱かせているのかもしれない。だから、ひとたび事が起こったときの衝撃やギャップがあまりに大きい。右肩上がりの時代が終わりを迎え、先行きの見えにくいいまこそ、改めて自然に学び、その恵みをうまく生かしながら、持続的なくらし方を考える時期に来ているようだ。

身近な生物多様性について考えることは、そのきっかけとして格好な題材であろう。著者はここ数年、生物多様性の大切さをどうしたら世間に認知してもらえるかを日々考えてきた。それは、単に自然や生き物の素晴らしさを伝えることではないし、環境問題をネタに自然との共生の必要性を書き並べることとも違う。それは前提として必要だが、そうした書物はすでに巷にあふれている。もう少し日常感があり、腑に落ちる本が書けないものか。そんな気持ちが動機になった。そこで、直感的にこれは説得力があり面白いと感じた話題を書きとめ、自分なりにリサーチし、訴えかける価値が高いと判断した素材を選んだつもりである。講義やさまざまな講演会での聴衆の方々の反応も参考にした。

日進月歩の先端研究には興味深いものが多々あるが、日本の伝統文化との関連を再考することにも意外と発見性がある。巻末には、本文と関連してとくに注目すべき文献を列挙した。より深く理解したい、あるいは私の言明を検証したいと思う方は、そちらに目をとおしていただければよい。

本書をまとめる過程では、さまざまな方たちとの会話も役立っている。もはや何がきっかけだったか覚えていないものもあり、ここですべてを列挙することは省かせていただく。もっともお世話になったのは、工作舎の田辺澄江さんである。田辺さんからは、執筆にやや躊躇しがちな私を何度も励ましていただき、内容についてのコメントや提言もいただいた。また、今回は私の専門外の内容をたくさん盛り込んだ。医学や薬学の部分については、宮下俊之氏に一読をお願いし、小さな誤りを指摘していただいた。滝久智、飯田晶子、筒井優の各氏には、送粉や都市生態、微生物の機能についての文献をご教示いただいた。さらに冨塚裕美子氏には、原稿全体に目を通していただき意見をいただいた。バイオミメティクスや日本文化については、ほぼ独学で情報収集したため、なかには思い違いもあるかもしれない。お気づきの点があればご指摘いただければ幸いである。

二〇一六年五月

宮下　直

▶寺田寅彦『日本人の自然観』2015、青空文庫POD
▶白井明大・有賀一広『日本の七十二候を楽しむ：旧暦のある暮らし』2012、東邦出版
▶和辻哲郎『風土』1979、岩波文庫

【第6章】
▶宮下　直『生物多様性のしくみを解く』2014、工作舎
▶饗庭　伸『都市をたたむ：人口減少時代をデザインする都市計画』2015、花伝社
▶小野邦彦「オーガニックで地域環境保全」農業と経済80：52-59、2014、昭和堂
▶大前研一『日本の論点2016－2017』2015、プレジデント社
▶枝野幸男『叩かれても言わねばならないこと』2012、東京経済新聞社
▶Marfo J.T. et al., Relationship between urinary N-desmethyl-Acetamiprid and typical symptons including neurological findings：a prevalence case-control study, *Plos One* 10：e0142172, 2015
▶松村正治「地域主体の生物多様性保全」、大沼あゆみ・栗山浩一（編）『生物多様性を保全する』所収2015、岩波書店

allergic diseases：an updata, *Clinical & Experimental Immunology* 160：1-9, 2010
▶Abrahamson T.R. et al., Low diversity of the gut microbiota in infants with atopic eczema, *Journal of Allergy Clin Immunol* 129：434-440, 2012
▶Ege M.J. et al., Exposure to environmental microoraginisms and childhood asthma, *New England Journal of Medecine* 24：701-709, 2011
▶Hanski I. et al., Environmental biodiversity, human microbiota, and allergy are interrelated, *PNAS* 109：8334-8339, 2012
▶Suraci J.P. et al., Fear of large carnivores causes a tropic cascade, *Nature Communications* 7：10698, 2016

【第4章】

▶石田秀輝『自然に学ぶ粋なテクノロジー：なぜカタツムリの殻は汚れないのか』2009、DOJIN選書
▶下村政嗣『フクシマ、ナウシカ、そしてバイオミメティカ』2015、タクサ8：12-21
▶赤池学『生物に学ぶイノベーション』2014、NHK出版新書
▶Elettro et al., In-drop capillary spooling of spider capture thread inspires hybrid fibers with mixed solid-liquid mechanical properties, PNAS 113: 6143-6147, 2016

【第5章】

▶長澤陽子・エヴァーソン朋子『日本の伝統色を愉しむ：季節の彩りを暮らしに』2014、東邦出版株式会社
▶宮坂静生『季語の誕生』2009、岩波新書
▶青木陽二・宮下恵美子（編）『俳句における環境植物の調査報告』2009、独立行政法人国立環境研究所
▶寺田寅彦随筆集第5巻『俳句の精神』1948、岩波文庫

参考文献

【第1章】

▶馬場錬成『大村智物語：ノーベル賞への歩み』2015、中央公論新社

▶Pepper I.L. et al., Soil：a public health threat or savior？ *Critical Reviews in Environmental Science and Technology* 39：416-432, 2009.

▶Ling L.L., A new antibiotic kills pathogens without detectable resistance, *Nature* 517：455-459, 2015

▶Brevik E.C. and Sauer T.J., The past, present, and future of soild and human studies, *Soil* 1：35-46, 2015

【第2章】

▶酒井伸雄『文明を変えた植物たち：コロンブスが遺した種子』2011、NHKブックス

▶Rader R. et al., Non-bee insects are important contributors to global crop production, *PNAS* 113：146-151, 2016

▶Taki H. et al., Contribution of small insects to pollination of common buckwheat, a distylous crop, *Annals of Applied Biology* 155：121-129, 2009

【第3章】

▶成田健一ほか「新宿御苑におけるクールアイランドと冷気のにじみ出し現象」地理学評論77：403-420、2004

▶小林優介・沢田治雄「外部経済効果に基づく樹林地と住宅地の配置の評価」ランドスケープ研究76：651-654、2013

▶国立青少年教育振興機構『子どもの体験活動の実態に関する調査研究』2010、調査報告書

▶Okada H. et al., The 'hygiene hypothesis' for autoimmmune and

ま
正岡子規　113, 114
マネー資本主義　150, 151
宮崎駿　132
メンタルヘルス　067, 068, 134
茂木健一郎　149

や
ヤモリテープ　085
横糸　093, 094, 095

ら
ロータス効果　087, 088

わ
和辻哲郎　102, 107

石田秀輝　148
逸周書　108
溢泌液　088
遺伝子の多様性　038, 049
伊藤文男　155, 157
イベルメクチン　013, 014, 015, 016, 017, 018, 020
枝野幸男　128,
エドワード・ウィルソン　008
大玉ころがし　088, 089, 091
大村智　012, 017
小野邦彦　154
オンコセルカ症　016, 017

か

カーボンニュートラル　092
環境保全型農業　140
クールアイランド　068
クロモグラニンA　065
経験の絶滅　070, 071, 135, 158
五行説　121, 122, 123
コロンブス交換　040
コンパクトシティ　130, 133, 134

さ

佐藤春雄　156, 159
サブセルラー・サイズ　088
サメ肌水着　091
しおり糸　093
自己洗浄　088, 089, 090
司馬遼太郎　127
シロタ株　065
代田稔　065
森林認証制度　140
ストレプトマイシン　020
スパイバー(現・Spiber)社　092, 098
清潔仮説　059, 134
生態系ディスサービス　072, 073
生物規範工学　146
関山秀和　092
絶滅危惧ⅠB類　052
相利共生　056, 058

た

虫媒花　045
獺祭　112
テイクソバクチン　022, 023
T細胞　060, 061, 062
寺田寅彦　102, 107, 117
トレードオフ　038, 129, 130, 146
ナノテクノロジー　080

な

認証米　140, 142, 144
ネオニコチノイド　019, 152
粘球　093, 095

は

バイオミメティクス　ⅶ, 076, 077, 078, 079, 080, 085, 092, 096, 097, 098, 129, 146, 164
俳句歳時記　108
ピリピロペン　019
ファンデルワールス力　082, 083, 084, 086
ペニシリン　020

索引

【生物名】

あ

アオイトトンボ　155, 157
アオシャク　viii, 120
アキアカネ　152
アブラヤシ　090, 138,
イワシ　027, 028, 030, 031,032
ウコギ　034, 035
ウラギンスジヒョウモン　135
オオカミ　073, 110, 112, 113

か

カタツムリ　089, 090, 096
カワウソ　110, 112, 113
ガンマプロテオ細菌　064
ゴボウ　033, 078, 079

さ

セイヨウミツバチ　046, 048
ソバ　iv, 036, 046, 049, 050, 052, 053, 054, 105

た

ダイコクコガネ　018
タヌキ　132
ドール　110, 111, 112
トキ　ii, 119, 120, 122, 124, 140, 142, 156, 159
トラ　110, 111, 112, 137,138,139

は

ハエトリグモ　086
フィラリア　014
放線菌　013, 018, 019, 021
ホトトギス　114

ま

マグロ　027, 028, 030, 031, 032
ミヤマアカネ　vi
ミヤマシジミ　iv, 052

や

ヤナギタデ　050, 051
ヤマキチョウ　135
ヤモリ　080, 081, 082, 083, 084, 085, 086, 096

【事項】

あ

饗庭伸　135
アーバン・スプロール　130, 132
アクチノヒビン　018
アハ体験　149
アベルメクチン　013, 014, 015
アラゴナイト　089
アレルギー性疾患　058

◉著者紹介

宮下直（みやした・ただし）

一九六一年長野県生まれ。八五年に東京大学大学院農学系研究科修士課程修了。現在、東京大学大学院農学生命科学研究科生圏システム学専攻教授（農学博士）。

本書では、『生物多様性のしくみを解く』（二〇一四）に続き、生物好きの一般読者に向けて、より身近なことがらの背景にある生物多様性と、その豊かな恵みについて綴られている。生物に学び活かす技術「バイオミメティクス」への思いも熱い。

八十年の歴史ある日本蜘蛛学会の会長（二〇一二年から）も務め、近年の編著書に『クモの科学最前線』（北隆館 二〇一五）がある。『生物多様性と生態学』（朝倉書店 二〇一二）、『保全生態学の挑戦』（東大出版会 二〇一五）など、研究仲間や後輩との共著書も数多く出版されている。

二〇二二年三月から二〇二四年三月まで一般社団法人日本生態学会会長。二〇一六年からの長野県上伊那郡飯島町でのフィールドワークを『ソバとシジミチョウ』（二〇二三）に著し、「ミヤマシジミ里の会」を発足するなど、学生や地元の人達と共に環境保全に取り組む。

◉本書に収録し、本文中に記載のない写真クレジット一覧

口絵カラーｉ、ⅱ（上）、ⅲ、ⅵ（上）、/041/051/079/081/131（以上、photolibrary）

ⅱ（下）/053/115/141/143/153（以上、kousakusha）

となりの生物多様性（せいぶつたようせい）――医・食・住からベンチャーまで

発行日――二〇一六年八月二〇日第一刷　二〇二五年七月二〇日第二刷
著者――宮下　直
編集――田辺澄江
エディトリアル・デザイン――宮城安総
印刷製本――シナノ印刷株式会社
発行者――岡田澄江
発行――工作舎　editorial corporation for human becoming
〒169-0072 東京都新宿区大久保2-4-12 新宿ラムダックスビル 12F
phone 03-5155-8940　fax 03-5155-8941
url : www.kousakusha.co.jp　e-mail : saturn@kousakusha.co.jp
ISBN978-4-87502-475-0